U0237774

监测传感网协作节能传输技术

胡青松　著

科学出版社

北　京

内 容 简 介

本书以监测数据的节能传输为明线、监测节点的协作通信为暗线，较为系统地探讨了监测传感网中的数据传输方法，主要包括协作传输的基本原理、分簇协作节能传输、特殊场合的协作节能传输、协作节能传输的工程应用4大部分，内容涵括聚焦观测的原理与协作传输的影响因素，观测传感网的分簇方法以及基于分簇机制或虚拟分簇机制的协作 MIMO 传输方法、智能天线动态虚拟簇传输方法，联合贪婪转发、区域泛洪和空洞避免的煤矿采空区温度监测数据传输方法，源节点与目标节点间没有直接连通路径情况下的机会数据传输方法，协作节能传输在矿山物联网和文化遗产监测领域的实际应用等。

本书可作为高等院校物联网专业、信息工程专业、信息管理系统专业、计算机科学与技术专业等高年级本科生或研究生的专业课程教材，也可供物联网等相关领域的技术人员或技术管理人员学习参考。

图书在版编目（CIP）数据

监测传感网协作节能传输技术/胡青松，著. —北京：科学出版社，2017.3

ISBN 978-7-03-052485-0

Ⅰ. ①监… Ⅱ. ①胡… Ⅲ. ①互联网络–应用–灾害管理–数据传输–研究 Ⅳ. ①X4-39

中国版本图书馆 CIP 数据核字（2017）第 056892 号

责任编辑：胡 凯 李涪汁 高慧元 / 责任校对：王晓茜
责任印制：张 伟 / 封面设计：许 瑞

科 学 出 版 社 出版
北京东黄城根北街 16 号
邮政编码：100717
http：//www.sciencep.com

北京京华虎彩印刷有限公司 印刷
科学出版社发行 各地新华书店经销

*

2017年3月第 一 版 开本：720×1000 1/16
2017年3月第一次印刷 印张：11
字数：210 000

定价：79.00 元

（如有印装质量问题，我社负责调换）

前　言

随着物联网技术的蓬勃发展和“互联网+”战略的快速推进，如何实时感知现场区域动态、及时掌握监测区域态势进而实施超前干预，从而提高生产效率，预防事故发生，降低事故损失，业已成为企业经营者和政府管理部门的迫切需求，也是科研工作者和技术开发人员不懈努力的方向。

监测传感网一般具有无人值守、电池供电、实时性强等特征，降低网络能量消耗对于延长网络寿命至关重要。监测传感网的能量主要消耗在数据感知、数据处理、数据传输 3 个环节，其中传输能耗远远高于其他两个环节的能耗，不恰当的数据传输方法将导致部分节点快速死亡，造成监测空洞和网络分裂，甚至导致整个网络无法工作。因此，节能传输是降低网络能量消耗、延长网络寿命、保证监测质量的关键。

近年来，我们围绕地面监测事件（如滑坡）和井下监测场景（如煤矿）中的节能数据传输难题，在试验场建设、理论探讨、技术研究和应用开发方面展开了一系列研究，针对协作传输的影响因素、分簇协作节能传输、特殊场合的协作节能传输提出了一系列新颖的方法，部分方法已在江苏省智能矿山示范工程等实践中得到了应用。本书即为这些工作的总结和梳理，希望能够为感兴趣的研究人员和工程实践人员提供一定的参考和借鉴。

本书得到了国家自然科学基金“煤矿工作面动目标精确定位关键技术研究（资助号：51204177）”、国家重点研发计划“灾害环境下快速应急定位组网技术（资助号：2016YFC0803103）”、国家科技支撑计划“矿井动目标监测技术及在用设备智能管控技术平台与装备（基于物联网管控技术）（资助号：2013BAK06B05）”、江苏省自然科学基金“煤矿巷道自适应环境认知机制与机会通信方法研究（资助号：BK20151148）”、中央高校基本科研业务费专项资金“矿山物联网可重构感知方法研究（资助号：2015XKMS097）”的资助，在此特致谢忱。

实验室的团结攻关和集体智慧是本书的最大能量源泉。在此，特别感谢实验室负责人、我的博士生导师张申教授数十年如一日的坚持和引领，您对科研事业孜孜不倦的追求和对实验室一如既往的呵护让我们能量十足、备感温暖；感谢博士研究生张然、硕士研究生龙佳和闫玉萍在时间同步方面的辛勤付出，以及硕士研究生张典在协作通信中的资源分配方面的开拓进取；同时，感谢硕士研究生曹灿和韩丽娜在机会通信方面的不懈探索，以及硕士研究生丁一珊、曹灿、张亮在应用开发方面的耕耘奉献。其他由于篇幅所限未能一一列出的优秀研究生，你们的工作亦是实验室研究日新月异的坚实柱石。

特别感谢我的恩师——长江学者、杰出青年基金获得者、中南大学吴立新教授，您的教诲令我永生难忘，您的指导让我受益终身。

感谢本书所引文献的作者和单位，你们的艰苦付出和卓越贡献使本书得以站在巨人的肩膀上开始研究和写作。

由于作者水平有限，书中难免存在疏漏之处，恳请广大读者批评指正。

目录

第1章 绪 论

无线传感器网络（wireless sensor networks，WSN）在环境监测、医疗监测、交通监测、野生动物监测、灾害监测、文化遗产监测、智能农业等领域具有重要应用，是实施物联网的基础。WSN节点能量有限且要求长时间工作[1]，因此降低网络能量消耗对于延长网络寿命至关重要。网络能量主要消耗在数据感知、数据处理、数据传输三个环节，其中传输能耗远远高于其他两个环节的能耗，不恰当的路由选择方法将导致部分节点快速“死亡”[2,3]，造成监测空洞和网络分裂，甚至导致整个网络无法工作。因此，节能传输是降低网络能量消耗、延长网络寿命、保证监测质量的关键。

1.1 监测与监测传感网

根据监测对象的不同，监测方法和监测系统差异也很大。以灾害监测为例，我国地域辽阔，地质条件复杂，地震、崩塌、滑坡和泥石流等地质灾害频度高、分布广、强度大[4]。对于深部开采，复杂的工程地质条件使得断层岩脉纵横交错，易发生井下火灾、瓦斯爆炸、突水等灾害[5]，同时易导致地面塌陷、采场边坡失稳、滑坡与岩崩等[6]。实施基于WSN的灾害监测对于灾前事件按需实时观测、灾中事件演变过程聚焦观测、灾后救援和灾损评估具有十分重要的意义。这种灾害监测WSN由大量的小型传感节点组成[7]，具有强大的数据采集、自组成网和数据传输能力[8]。为了方便，后面章节称这种传感网为监测WSN（monitoring WSN，M-WSN）。

监测的理论和方法体系主要包括监测时空基准、传感网数据整合、监测空间数据聚类分析、监测功能分区、区域动态形变场理论、传感网地理信息系统模型理论等[6]。以灾害监测为例，需要监测灾害发生发展的影响因素、灾害特征、造成影响等多个方面[9]。被观测区域一旦有环境变化或灾害发生，要求观测网络快速触发预定义的处理过程。因此，M-WSN是一种典型的事件驱动观测网络，它从需求出发，为传感器调度、数据获取、数据处理和在线服务提供标准的服务接口，实现灾害事件协同观测、数据高效处理和辅助决策支持[10]。

事件驱动专注于事件和事件依赖的研究和应用。事件是在某个瞬间或某个时间间隔内发生或者预期要发生的任何事情，事件依赖则是与事件应用相关的内容，如事件定义、事件管理、事件处理、事件驱动架构等。M-WSN 观测事件包括传感器事件、领域事件和状态事件三个层次，它们的抽象级别逐渐升高。传感器事件是指与传感器获取数据有关的事件，包括与传感器状态有关的事件（如数据采集准备、采集中、采集完成等）和观测对象属性数据有关的事件（如时间、空间、属性值、数据丢失、重复读取等）。领域事件由传感器观测数据事件在特定领域派生而来，是原始观测数据在特定领域的进一步抽象。状态事件是指与观测对象所处状态有关的事件，这些状态需要预先定义。

目标监测是一个包括多个子任务的复杂过程（图 1.1）[9]。首先由监控中心进行任务规划，确定监测地点、监测时间段和参与传感器等；其次进行传感器规划，根据规划的观测任务确定需要采集的环境参数；然后，传感器根据规划情况进行观测，观测结果通过无线或有线网络传输到数据中心，数据中心根据应用模型进行数据处理，进而提取观测数据所蕴涵的特征信息，评估观测区域发生灾害的概率；评估结果通过 Web 等方式对外发布，感兴趣的用户根据通知消息从指定地点获取评估结果，若有必要，也可获取未经处理的原始数据。

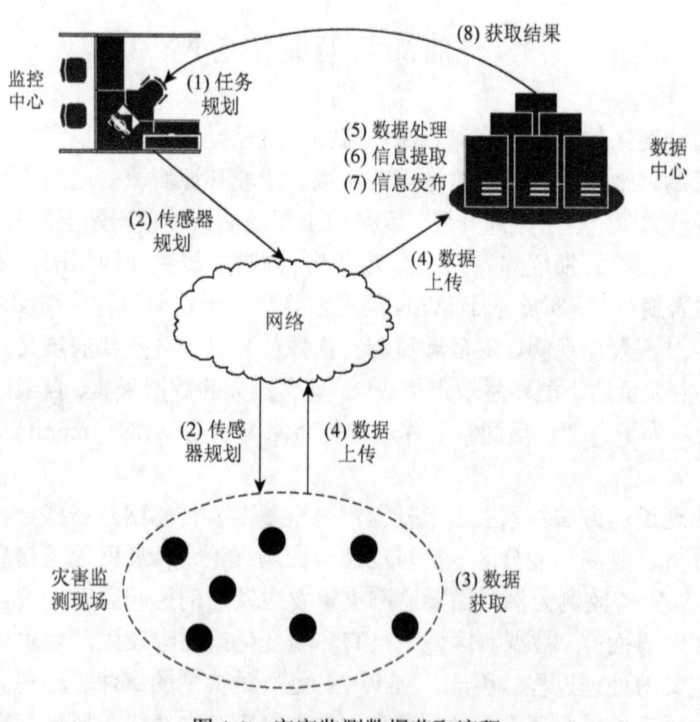

图 1.1 灾害监测数据获取流程

与普通 WSN 相比，M-WSN 面临许多突出的挑战：①传感节点之间需要彼此协同完成事件感知任务，要求研究基于事件驱动的传感网自适应组网原理与方法，以支撑事件驱动的快速组网观测与聚焦服务；②需要根据观测数据类型、尺度、精度及实时性等要求，在最小化网络资源损耗的前提下，为观测信息提供有效、优化的传输路径，为应急情况下传感器组网完成局部重点地区聚焦观测任务提供理论和方法支撑；③需要研究适用于特殊环境、特殊监测对象的监测传感网最优部署方法和优化节能数据传输方法，如煤矿工作面线性或双线性网络的组网方法与节能传输机制。这三个问题的核心，是在保证监测频率、数据精度、时延要求等 QoS 约束下，实现灾害信息的协同采集和节能传输。

M-WSN 具有无中心、自组织、节点易损、动态拓扑、多跳路由等特征，其要求长期监测和电池供电的特点决定了必须采用节能的数据传递方法[11]。为了节省能量，一方面应大力发展低功耗芯片，在物理层采用功耗更低的电路并尽量降低发射功率[12]；另一方面应在网络层研究节能路由算法，以降低寻路和传输能耗。也可以对物理层、MAC（media access control）层和网络层进行跨层优化[13]，优化整个网络的功率分配和能量消耗[7, 14]。本书重点研究面向 M-WSN 的节能数据传输方法，即在能量限制、带宽约束等约束下，如何将感知节点的数据高效可靠地传输到 Sink 节点。它对于实施灾前事件按需实时观测、灾中事件演变过程聚焦观测、灾后救援和灾损评估具有十分重要的意义。

1.2　监测传感网研究现状

监测传感网在各行各业发挥着越来越大的作用，吸引众多的学者进行着孜孜不倦的研究。限于篇幅，这里仅探讨灾害监测、智能交通、文化遗产监测、矿山物联网方面的研究现状。

M-WSN 一般具有无线节能传输、无人值守、低功耗且独立电源支持、实时性强等特征[15]，其节点可以随机部署，网络形式丰富多样，节点之间可以协同感知和传输，能够监控广阔区域，并在被监测对象的不同阶段发挥作用。以灾害监测为例（图 1.2）[16]：灾前服务于灾害预测，即对灾害区域进行实时、连续观测，

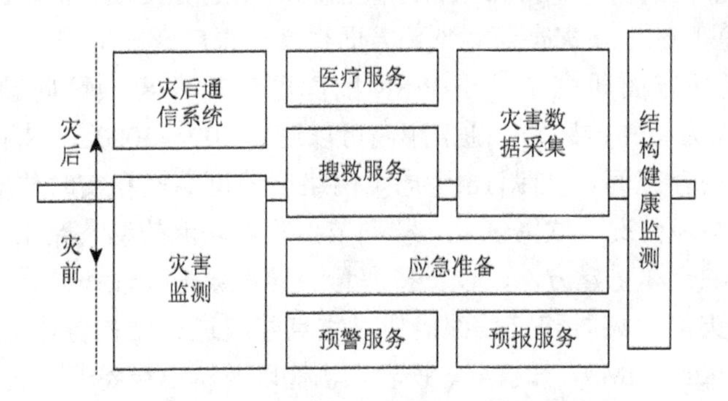

图 1.2　WSN 在灾害监测中的应用

为各级部门和普通大众提供灾害预警预报服务，并为决策机构提供应急准备参考；灾时继续观测，服务于灾害趋势预测和灾害区域提取；灾后服务于灾害影响程度评估，如果灾害导致常规通信设施部分或全部瘫痪，M-WSN 也可作为临时救灾通信系统，为医疗和搜救提供决策数据。此外，在灾前、灾时和灾后，M-WSN 都可以提供结构健康监测服务，实时监测重点建筑的结构健康状况。

滑坡监测是 M-WSN 的重要应用领域。滑坡是滑体沿着滑面在滑床上运动的一种灾害运动形式[4]。发生滑坡之前，边坡岩体的内应力会连续变化。当滑动力大于岩土体的抗滑力后，就会发生变形和滑动。滑坡监测可以采用深部位移监测法、地表位移监测法、滑坡体应力应变监测法、地下水监测法、地声监测法、影像监测法等，其中许多方法需要人工操作，如深部位移监测法、地表位移监测法等，致使监测效率低下，难以实现连续、实时监测。而通过超宽带 WSN 等手段，不但可以实现大面积密集监测，而且可以轻易实现表面位移、深部位移、声发射、影像等多种技术的协同监测，结合运动学和动力学理论，对滑坡进行准确监测和预报。

M-WSN 在火山监测方面也有很大优势。与传统的数据采集设备相比，M-WSN 节点体积小、重量轻、能耗低，可用于监测火山活动情况[17, 18]，研究火山震动波的传播规律并确定震源。火山震动信号一般位于 1～20Hz 的低频段，根据奈奎斯特采样定理，所需的采样频率至少应为 40Hz。除了采样频率外，其他需要考虑的 QoS 指标有可用性、可靠性、响应时间、时延、吞吐量、带宽容量、丢包率、占空比（duty cycle）、能耗、平均抖动、负载因子、流量类型等。

M-WSN 适用于大范围内的地震监测和预警。王玉和陈晓清针对汶川地震区山地灾害提出了基于 M-WSN 的预警体系[15]。他们根据降雨、位移、含水量和水压力等灾害激发因子的监测数据，以及地形、地貌、植被和岩土体等灾害形成背景因素，结合灾害判识模型，判断是否会有山地灾害爆发。灾害发生后，根据实时监测数据分析灾害时间、规模、威胁范围，并发布预测预报信息，并在专家、领导以及相关部门的协同下发布预警避灾信息，制定防灾减灾措施。

M-WSN 在其他地质灾害监测预警方面也具有很广泛的应用。Chen 等从传感器、网络和能耗方面研究了基于 WSN 的库区地质灾害预警问题[16]。他们以 MicroRF-201 作为感知传感器，通信距离可以达到 300～3000m，支持低功耗设计并具有较大的内存空间。文献[16]考虑了网络层的可靠性和实时传输能力，设计了一个支持在故障情况下联网恢复、移动节点管理功能的动态路由协议，并提出了对应的数据融合和重建方法，以支持海量、异构数据处理和融合。

另外，在灾前、灾时和灾后都需要对重点建筑进行结构健康监测（structure health monitoring，SHM），如桥梁、铁轨、轨枕以及轨道设备[19]。传统的 SHM 通常是集中式的，WSN 仅仅被当做数据收集设备[20]，监控中心只能收到有限节点的数据，只能对受损最严重的区域进行重点监测而忽略其他区域。此外，传统方法也难以及时监测极端事件（如地震）导致的结构损害，因为采集和分析数据需要较长的时间。为此，需将监测系统的cyber部分和physical部分综合起来考虑，基于关系数据库的感知数据、元数据的存储与管理模式[21]，构建分布式、层次化的SHM系统，利用WSN的处理能力对采集到的数据进行初步处理，提取出与SHM相关的特征，实现柔性损毁检测和定位。

M-WSN在文化遗产监测中也具有广泛应用。影响文化遗产保护的因素主要是自然灾害和人为破坏两方面。其一，火灾水患等自然灾害和风化侵蚀、环境污染等使文化遗产变得脆弱不堪。如敦煌壁画，由于空气里含二氧化碳过多而褪色较快；石质性的文物虽然结实，但是对所处环境非常敏感，特别是易受酸雨影响而风化。其二，人为破坏和管理不善造成的后果更为严重。大足石刻两次被盗，武当山遇真宫惨遭大火灭顶之灾，长城遭遇开矿、修路等破坏事件时有发生，我国在文化遗产保护方面任重而道远。值得庆幸的是，近年我国对文化遗产地保护工作越来越重视，一大批遗产地保护被提升到国家层面，新兴技术（如空间信息技术和物联网技术[51, 52]）逐渐被应用到文化遗产保护中，这些技术的应用给文化遗产的保护和监测提供了强大支持，数字化敦煌就是其中的典型代表[50]。

在国外，欧洲在文化遗产地监测预警方面走在世界前列，欧盟（具有独立的科研支持计划）、意大利、瑞士、瑞典、西班牙、德国等都非常重视，资助了大量的研究项目和实际保护项目，这和他们拥有大量历史遗迹和文物有关。例如，MUSECORR 项目[11]，它由法国、捷克、德国、瑞士、丹麦等国的七家研究机构共同发起，对文物进行基于 WSN 的实时电流变化和温湿度监控，以实时掌控文物的腐蚀情况及其内在规律。

一些位于极端气候环境下的遗产地在很大程度上受到火灾的威胁，在树木等因素共同作用下，短时间内就会对文物造成无可挽回的损失。此外，由于遗产地通常受保护的时间已经较长，附近通常覆盖有珍贵的古树，这更加重了火灾危险[24]。为此，欧盟第7框架计划支持了一个Firesense项目（FP7-ENV-2009-1-244088-FIRESENSE），名为文化遗产保护中利用多传感器网络的着火检测与管理[25, 26]。项目通过在需要监测的地方部署一个能够检测温度的WSN，并安装普通可见光摄像机和红外摄像机，对遗产地进行远程监控，并提供气候数据。

在智能交通方面，监测传感网可用于交通管理、车辆控制、交通信息服务、运载工具操作辅助、货运管理、交通基础设施状况感知、电子收费和紧急救援等方面。车联网是实现智能交通的重要手段，它以车内网、车际网和车载移动互联网为基础[22]，按照约定的通信协议和数据交互标准，在车辆与车辆、车辆与互联网之间进行信息交换，以实现上述智能交通所需功能。车联网是一种大规模的移动网络时空数据采集技术，能够方便地将所获取的信息与现有多种动态交通采集手段获取的信息进行快速有效的融合，对于获取全面准确的全时空动态交通信息、实现车辆和道路监控的实时化和管理的智能化、推动交通安全与效率提升具有重要意义。

基于 WSN 的矿山感知物联网也是保障煤矿安全开发利用、构建和谐矿区的重要保障。《国家中长期科学与技术发展规划纲要（2006—2020 年）》中，将“重大生产事故预警与救援”作为公共安全领域的优先主题之一，重点研究矿井瓦斯、动力性灾害预警与防控技术[23]。在《社会发展科技领域国家科技计划项目需求征集指南》中，明确提出研究数字矿山关键技术、基于物联网的环境重大事件监测预警与处置技术[24]。国务院办公厅下发的“安全生产规划”也提出了建设煤矿瓦斯综合防治和矿山安全监测及信息化系统、提高重大危险源监控的目标[25]。

目前我国矿山的安全信息感知水平较低，信息获取手段严重匮乏，尤其是缺少瓦斯事故[26, 27]、顶板事故[28, 29]、突水事故[30, 31]、火灾事故[32, 33]等重大灾害的实时连续监测预警手段。为此，需要针对煤矿环境的受限异质、时变非线性等特点，研究煤矿灾害多源感知节点的协同部署和感知问题，改进矿井信息传输网络（尤其是无线网络）的部署合理性，减少矿山信息监测的盲区；大力研究节能感知和传输方法，提高信息传输的速度和可靠性，进而建立各种灾害综合监测预警模型，形成较为完善的自动监测预警系统，为灾害防治及安全决策提供科学依据。

1.3 传感网节能传输研究现状

灾害监测数据必须传输到监控中心方可达到决策支持的目的（图 1.1）。传感节点采集到数据后，通过特定路由方法将数据传输到一个或多个目标（Sink）节点，Sink 节点再通过运营商的 2G/3G/4G 等无线设施或光缆等有线设施传输到数据中心。不恰当的路由选择方法将会导致部分节点快速“死亡”[2, 3]，造成监测空洞和网络分裂，甚至导致整个网络无法工作。

路由选择的关键，一是确定最优下一跳节点，二是确定数据转发时机。在路由选择过程中，网络资源、数据类型、容错能力、服务质量、数据报告模型等都是重要的考虑因素。节能路由一般采用单数据包能耗、每轮消耗能量、第一个节点死亡的时刻、存活节点总数、平均时延、数据传输成功率等作为选路指标。无论采用何种指标，选择候选转发节点时都需要邻居节点的状态信息[34]，如邻接链路的状态信息、邻居节点与目标节点的距离等。

数据报告模型对路由设计具有重要影响。WSN 有五种典型的数据报告模式，见图 1.3。其中，局部通信模式用于向邻居广播节点状态，或者直接在两个节点之间传输数据，通常用于节点之间的协作观测和传输；点对点模式用于将数据从一个节点直接传输到另外一个节点，在 WLAN 环境中使用得较多；汇聚模式用于将多个节点的数据向一个节点汇聚，绝大多数数据收集应用属于这种模式，特别是在分簇路由中使用得非常广泛[35]；融合模式主要用在中继节点对收到的数据进行处理和融合，从而降低数据量；发散模式则多用于将命令（如传感器规划）从 Sink 节点发往传感节点。

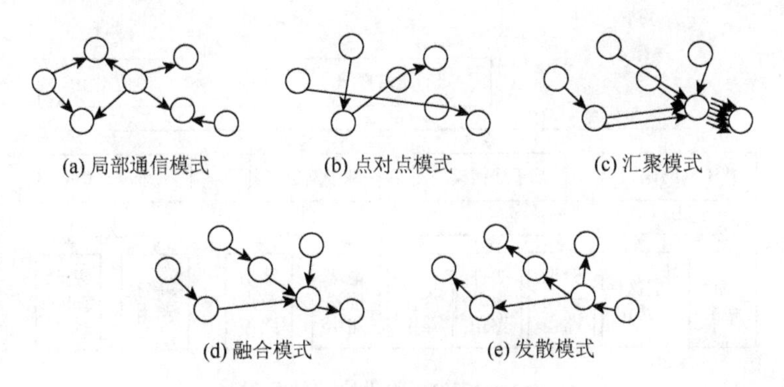

图 1.3 WSN 的数据传输模式

M-WSN 的传感节点能量、处理能力和存储空间都十分有限。但是，灾害监测的特点要求一旦有事件发生，就需要将数据从分布式部署的多个传感节点连续、实时传输到 Sink 节点（进而传输到数据中心）。不过 M-WSN 的路由设计也有有利的方面：观测节点在部署好以后，节点位置在生命周期内几乎固定不动，观测网络的拓扑结构不会经常变化，除非重大事件导致部分节点发生位置偏移[36]；节点位置几乎不变使得观测系统能够轻易确定数据位置属性，便于设计基于地理位置路由和分析事件的时空演化过程[37]；由于 M-WSN 通过多个传感节点的协同对事件进行聚焦观测，不同节点在同一时间、同一节点在不同时间所感知的数据具有极强的空间相关性和时间相关性，利于在路由过程中实施数据融合以降低数据量、降低带宽消耗、提高能量效率。

现有 WSN 路由算法主要有五种类型[1]，即基于网络结构的路由、基于通信模型的路由、基于网络拓扑的路由、可靠路由、其他路由（图 1.4），它们涵盖了图 1.3 中的所有数据传输模式。基于网络结构的路由可以分成平面性路由和层次性路由，平面性路由中的所有节点地位都是相同的[38]，而层次性路由则将网络中的节点分簇[39]，典型的如 LEACH 及其派生算法[40]，普通节点的数据交由簇头节点，在簇头节点进行数据融合之后再转发给目标节点。我们在这方面也进行了一些探索[3, 35]。层次性路由的关键是簇的划分和簇头的选择[35]，由于簇头承担了全部数据转发任务和数据融合任务，因此能量消耗比普通节点大得多。为了避免簇头能量快速耗尽而死亡，要求不同节点轮流担当簇头角色，以实现节点间的能耗均衡。

基于通信模型的路由包括查询驱动型、事件驱动型和协商合作型三种，是本书的研究重点。查询驱动型在用户需要了解监测区域情况时下达查询命令触发观测和传输过程，事件驱动型则由观测区域所发生的事件驱动系统进行监测[5]，特别适用于灾害监测应用场景，而协商合作型要求节点之间彼此协同，合力完成观测和传输任务[41, 42]。

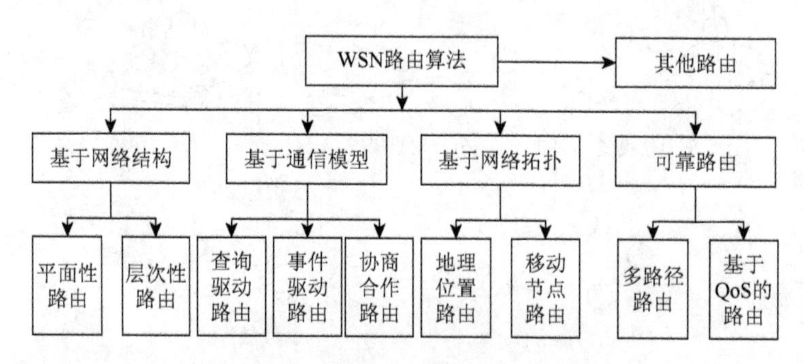

图 1.4　WSN 路由协议的分类

基于网络拓扑的路由包括地理位置路由和移动节点路由。地理位置路由利用节点位置信息提高路由算法的性能[43, 44]，典型的如 GPSR（greedy perimeter stateless routing）算法，它从当前节点的邻居节点中选择距离目标节点最近、同时比当前节点到目标距离近的节点作为下一跳。如果不存在比当前节点更近的邻居节点，贪婪算法将会失败，此时采用右手法则边界路由。在拓扑动态变化的 WSN 中，仅通过局部拓扑信息就能快速找到到达最终目标的新路径，而移动节点路由则通过设定移动 Sink 或其他移动节点的方式辅助收集数据[36]。

可靠路由的目标是增强数据传输的可靠性，可采用多条路径以保障路径可靠性（多路径路由），或者要求在路由选择时满足 QoS 约束（基于 QoS 的路由）。多路径路由可以显著提高传输可靠性，促进负载均衡，有相交路径与非相交路径、主从路径与非主从路径之分[45]。QoS 约束因子与应用密切相关[46]，常见的 QoS 指标有时延、可靠性、抖动、带宽[39]，路由能耗也可视为一种 QoS 指标。

除了基于网络结构的路由、基于通信模型的路由、基于网络拓扑的路由、可靠路由外，还有一些基于其他思路的路由算法。考虑到 WSN 链路的动态时变性，采用确定性路由方法性能不高，而机会路由不用事先确定数据传输路径，节点选择下一跳时利用无线信道的广播特征，将数据转发给一个节点集。由于有多个候选转发节点，因此提高了传输可靠性，降低了数据转发次数、网络时延和端到端吞吐量。

由于智能天线可以自适应地将波束对准目标节点[47]，并能按需调整波束宽度[48]，因此将同样大小的数据发送到同样距离，所需要的发射功率比全向天线要小得多。如果能充分利用智能天线和分簇方法的优势，将能实现物理层和网络层的跨层优化，获得较高的能量增益。群智能优化也在 WSN 节能路由设计中得到了广泛的应用，以提高传感节点的处理效率，避免复杂的数学运算，如遗传算法、粒子群优化和基于模糊规则的系统（fuzzy rule-based systems，FRBS）等[49]，Zungeru 等对此有很好的综述[50]。这些方法可以与占空比调度[51, 52]、虚拟力[53]等思想结合，以降低数据量、延长网络寿命。

节能路由在矿井中也已有大量研究成果。矿井监测 WSN 与地面 WSN 的主要区别：一是拓扑结构为长带状的一维链形结构[54]；二是采掘工作面与采空区等区域的动态推进特性[37]。研究适合这种复杂环境下包含多种大型设备、具有不同地质构造和物理走向的网络模型和数据传递方法，是延长矿井监测 WSN 寿命和提高监测精度的前提和保障[55]。为此，人们对通用的地面路由协议加以改进[56, 57]，重点解决链状结构网络中靠近 Sink 节点的 WSN 节点能效消耗过高的问题；或将 Mesh 网络、混合结构网络的思想用于井下 WSN 路由设计[58, 59]，重点解决井下 WSN 网络鲁棒性低、终端对骨干传输网络依赖性高的问题；或针对特定监测目的和应用区域设计路由方法[60, 61]，如支架支撑力监测、采空区温度监测。这些方法都可以归结于图 1.4 所示的类型范畴。

1.4 监测传感网节能传输实验方法

总体而言，监测传感网的实验方法包括仿真实验和实物实验，其中仿真实验又包括纯软件仿真和半实物仿真。

在纯软件仿真中，NS2 使用得非常广泛，它不但是开源免费软件，而且有大量的示例模型和其他研究人员贡献的代码可供参考。OMNeT++是另外一个使用较为广泛的开源软件，可以免费用于学术和非营利性目的；它是一个模块化的离散事件仿真器，支持协议仿真、排队网络建模、硬件体系结构验证等需求。在商业仿真软件领域，QualNet 和 OPNET 的功能非常完善，不过受限于高昂的价格，在国内的用户并不太多。此外，也有相当多的用户使用 MATLAB 评估网络协议的性能，对于这些软件的详细介绍超出了本书的范围，感兴趣的读者可以参阅相应书籍。当然，还有许多可供选用的仿真软件，如机会通信领域一般使用 ONE（opportunistic network environment simulator）软件，这将在第 7 章进行介绍。

半实物仿真（hardware-in-loop simulation）将控制器、传感器等实物与计算机中的仿真模型软件有机协调，能够在尽量降低实物系统研发和部署费用的基础上最大限度地反映被仿真对象的真实性能（动态特性、静态特性和非线性因素等）。它需要首先建立数学仿真模型，进而构建半实物实时仿真模型，据此构建目标仿真平台。与纯软件仿真相比，它与实际网络联系更加紧密，不过只能实时仿真，并且需要解决实物与计算机之间的接口问题，在监测传感网研究中应用得较少。

与仿真实验相比，基于试验场的实物实验更能精确反映传输技术的性能，也更容易移植到实际应用中。但是试验场建设需要较大的资金投入，实验的准备时间更长。这里介绍我们所建设的传感网试验场。它借助光纤网络实现试验场和数据中心的连接，通过 WSN 将具有感知、计算和通信能力的智能传感器自组成网，实时地感知需要监控、连接、互动的物体或者区域，使分布式资源整合为一个独立、自主、任务可定制、动态适应并可重新配置的协同观测系统，如图 1.5 所示。

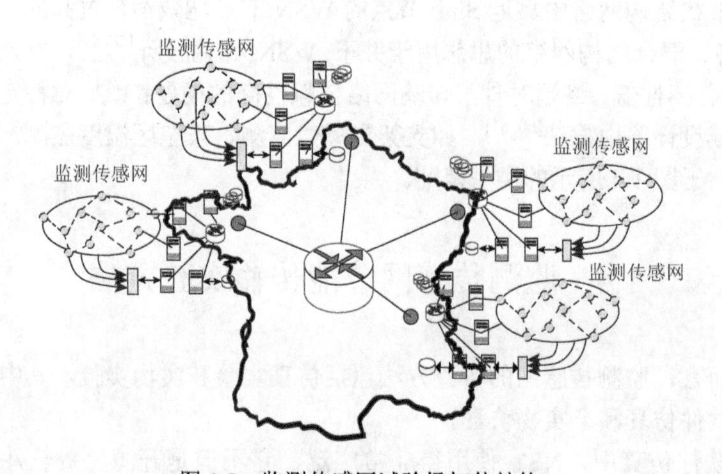

图 1.5　监测传感网试验场拓扑结构

为了实现这个目标，可以按照三个步骤来实施，即网络部署、传感器部署和数据分析中心研发。

1. 网络部署

网络部署包括两个方面的内容：一是在观测区域利用路由节点构建无线网络；二是监测区域到数据中心的有线/无线数据传输网络。

为此在校园规划区域布设试验场传感网，部署好的校园网区域传感网以后可以根据需要逐步扩展。如图 1.6 所示，将无线传感器网络的节点分成三种类型，分别为传感节点、路由节点和协作节点（图 1.6）。传感节点具有数据采集和传输的双重功能，路由节点只用于转发其他节点的数据，协作节点可以为路由节点，也可以为传感节点，它采用协同的方式为别的节点提供数据转发服务。为了提高无线网络的可靠性和生存期，建议将路由节点设置为电力供电（或 POE 供电）或者功率更大的电池。各种节点之间的数据传输均采用 WiFi 的方式，因为基于 WiFi 无线技术的 802.11a 标准可达 54Mbit/s 的带宽，不但能应对传感信息的传输要求，而且能提供无线视频监控的功能。

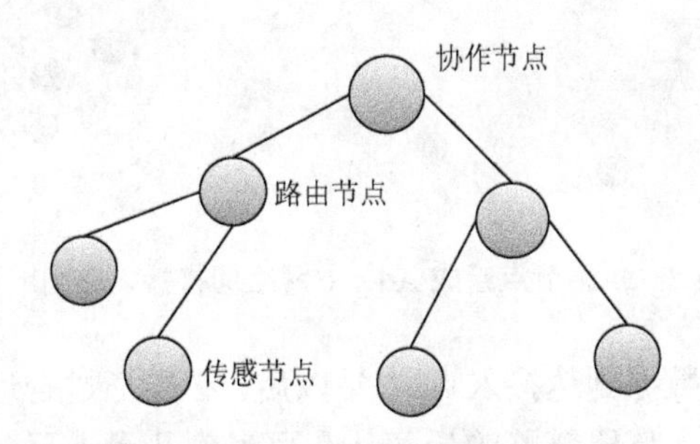

图 1.6 无线传感器网络的构成单元

传感网络的核心由路由节点组成，传感节点就近接入路由节点发送数据，如图 1.7 所示。如果传感节点在覆盖范围内找不到路由节点，则与邻居节点组成 Ad hoc 网络，通过多跳接力的方式接入路由节点，如图 1.8 虚线区域所示。无论哪种接入方式，最终数据都传输到接入点/基站处。

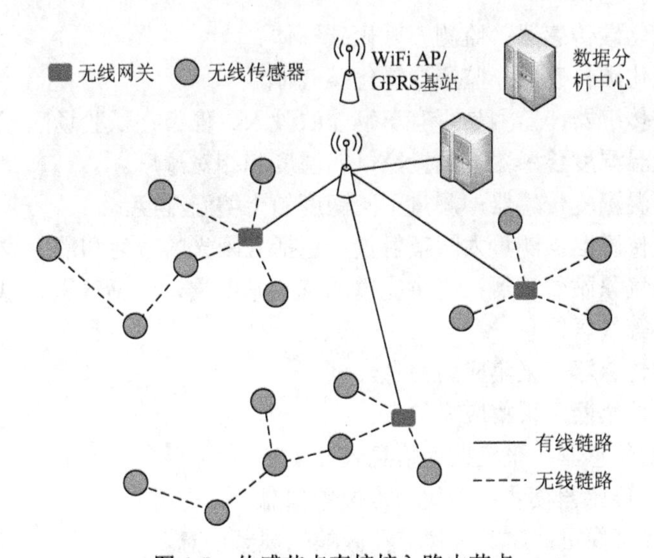

图 1.7 传感节点直接接入路由节点

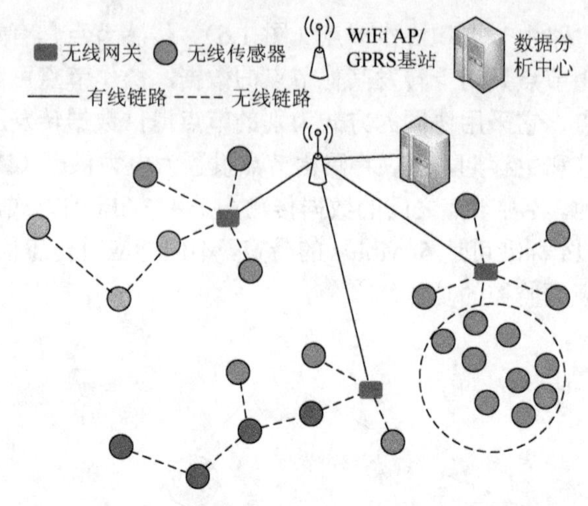

图 1.8　传感节点组成 Ad hoc 网络间接接入路由节点

无线传感网络的数据到达接入点/基站以后，必须通过合适的长距离传输网络传输到数据分析中心，该段链路的长度从几百米到几十上百公里不等，这与观测区域部署位置有关。

2. 传感器部署

其实，在网络构建的阶段就已经布设了部分传感器，主要以路由节点为主。在传感器布设阶段，则主要以传感节点和协同节点为主。我们在试验场建设中主要布设了如下传感器。

（1）一氧化碳传感器：监测一氧化碳气体。

（2）二氧化碳传感器：监测二氧化碳气体。

（3）地磁传感器：监测是否有车辆非法驶入、停留在试验场区域。

（4）环境温湿度传感器：测量空气的温度和相对湿度。

（5）土壤温湿度传感器：测量不同深度的土壤温湿度。

（6）光强传感器：测量太阳辐射量，包括太阳光的直射和散射成分。

（7）微型气象站传感器：提供完整的气象站数据，包括气压、温湿度、降雨量和风速风向等气候信息。

（8）应力传感器：采集应力信息。

（9）应变传感器：采集应变信息。

（10）振动传感器：采集振动信息。

（11）GPS 传感器模块：采集节点位置信息。

（12）无线摄像机：实时采集监测区域的视频信息。

（13）无线 AP：每个路由节点和最终的 WiFi AP/基站都采用具有智能天线的

AP，组成无线传感网络的数据传输通路。

（14）3G/4G网关：实现无线传感器网络与数据平台之间的3G/4G信息传输。

系统是可扩展的，其他传感器（如粉尘传感器、加速度传感器、位移传感器、倾斜倾角传感器）可以根据研究需要动态加入。

3. 数据分析中心研发

试验场的监测传感网负责试验区域的环境参数的采集，采集的数据主要包括光照、空气温度、空气湿度、土壤温度、土壤水分、二氧化碳浓度等参数。传输部分将设备采集到的数值传送到数据中心，支持WiFi、GPRS、3G、4G、有线网络等多种数据传输方式。传感器的数据上传采用低功耗无线传输模式，传感器数据通过无线发送模块，采用特定协议将数据无线传送到路由节点上，再经过边缘基站发送到分析平台（图1.9）。

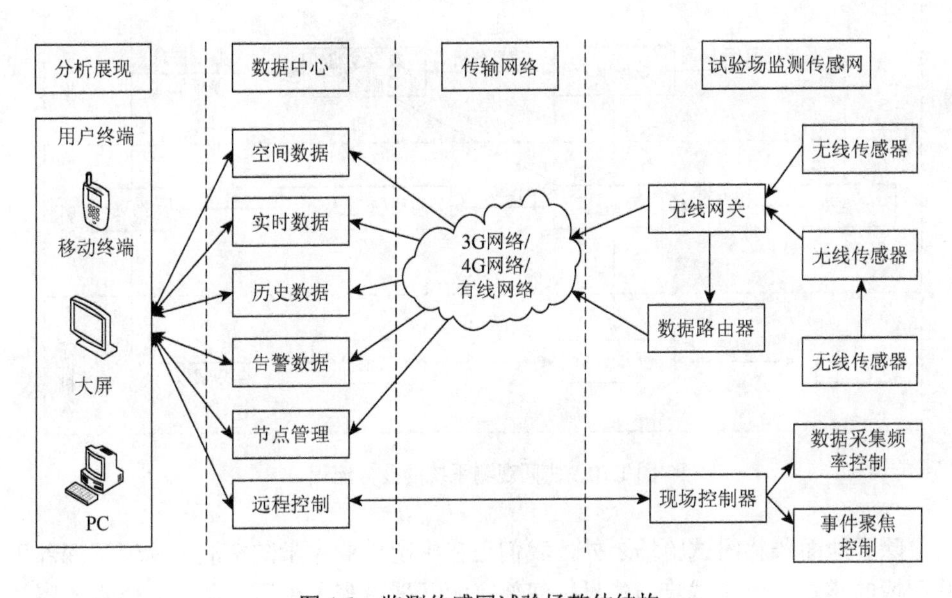

图1.9　监测传感网试验场整体结构

此外，数据中心还具有方便的上位软件，能够对观测区域的各种节点进行管理和设置。同时，还能够与地理信息系统（GIS）结合，自动或者手工绘制节点拓扑，并支持节点信息的按需显示。数据中心和分析平台的控制指令也通过发送模块传送到各个路由节点上。

分析平台以可视化的方式展示所有数据，主要包括环境数据的实时监测、数据空间/时间分布、历史数据、超阈值告警和远程控制等方面。根据需要可添加视频设备实现远程无线视频监控功能。空间/时间数据分析功能可将系统采集到的数值以直观的形式向用户展现数据的时间分布状况和空间分布状况，历史数据查询功能可以向用户提供过去一段时间内的数值展示；超阈值告警则允许用户自定义数据范围，将超出阈值范围的情况反映给用户。

通过构建本实验监测网络，可以研究监测传感网的组网方法、资源的动态分配方式、资源的高效采集与挖掘方法，实现网络环境下多传感器资源动态管理、事件智能感知、多平台系统耦合、按需观测、信息融合、数据同化和智能服务。此外，可以进一步构建监测区域数据云，供其他机构购买使用。整个系统的业务流程如图 1.10 所示。

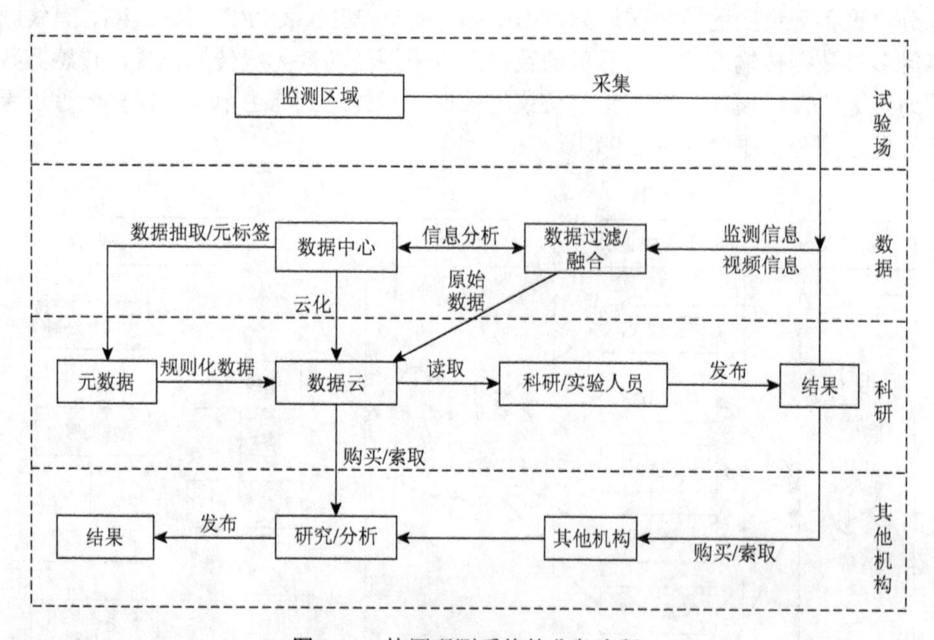

图 1.10　协同观测系统的业务流程

除了地面传感网试验场之外，我们还在中国矿业大学防空洞内探索了深部矿井环境的感知与传输试验场建设。深部资源开采带来了矿压显著、高压水危害、瓦斯涌出量增大、地温升高等一系列难题，使煤矿工人的作业环境恶化，劳动效率降低，甚至无法正常工作。对影响开采效率和安全的深部矿井环境和灾害进行智能感控，具有十分重要的科学意义和应用价值。

然而，国内外目前尚没有针对深部矿井环境和灾害感控的实验系统，只能通过现场感测、模拟实验等方式进行研究。现场感测的缺陷有：①矿井现场感测设备必须要有本安或者防爆能力，这将许多非本安或非防爆的先进测量仪器排除在实验大门之外；②除了检修，矿井时刻处于生产状态，很难挤出足够时间供研究人员进行实验；③只能被动地感知现场参数，无法根据研究需要，对这些参数进行自主调节；④不能按科研目标要求来调控现场设备，因此无法及时甚至根本无法检验研究成果的效能。而数值模拟实验只能从某个方面或若干参数来检验研究或实验的有效性，在综合方面缺乏说服力。

因此，针对深部矿井环境条件复杂、灾害实时感控困难、实验研究基础缺乏等问题，建设一种集矿山井巷三维建模、矿井协同感知设计、灾害环境感知分析、感知反馈智能控制、灾害应急辅助决策于一体的深部矿井环境与灾害智能感控实验系统，对于研究、分析和解决实际生产中的困难是有建设性的指导意义。

实验系统的建设围绕深部矿井环境和灾害的感测和控制为主线展开（图1.11），布设了模拟矿井环境参数与致灾要素的变化装置、变化感知器等，可以进行如下参数感知：①环境参数。包括两方面，一是如何还原现场实景，即测量防空洞几何要素及感测装置位置信息，建立含影像纹理的真实场景三维集成模型；二是该场景的环境影响因素监测，需要安装具有无线通信接口功能的智能传感器加以测量，比如温度、湿度、粉尘或煤尘、甲烷含量、涌水量等。②致灾要素。包括两方面，一是环境参数的异常变化，比如煤岩体温度上升或降低、急剧瓦斯浓度上升、涌水速率加快等；二是动力学参数异常变化，如底鼓加速、微震信号聚集强化、电磁信号异常等。

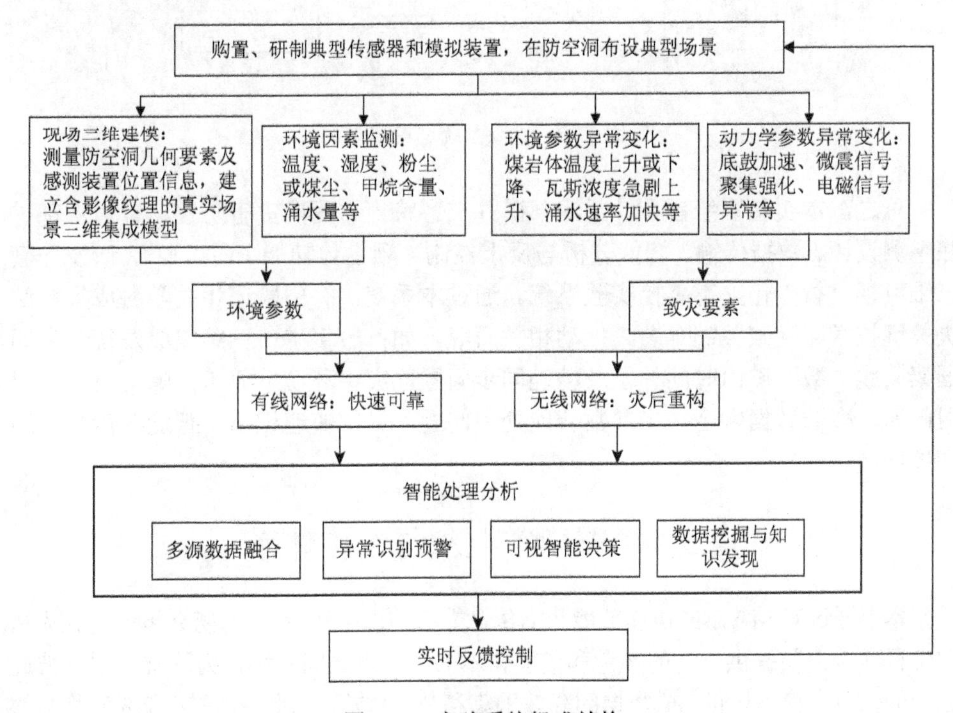

图1.11 实验系统组成结构

数据传输采用有线及无线传输相结合的双保险系统，具备灾损条件下自组网功能。有线网络构成实验系统的骨干网络，传输现场实景数据、环境信息等；无线网络构成实验系统的末端，一方面采集实验数据，另一方面传输数据，提高网络的覆盖面、可扩展性和灾害情况下的通信能力。

面向实验系统的多参数感测数据，开发一套感知数据融合处理系统，并结合矿山压力、煤岩冲击、瓦斯爆炸、矿井突水等孕灾过程与致灾模型，开发数据挖掘与知识发现模块，实现实验环境中感测数据的智能处理与灾害前兆快速识别。

在智能分析系统的基础上，开发反馈调控系统。根据感测系统发现的致灾参数或要素异常，以及智能分析系统揭示的灾害前兆，设计相应的控制逻辑，通过上层软件下达控制命令或自主对生产系统、监测系统进行反馈调控，包括电力、排风排水强度、监测角度、采样速率等。

实验系统的逻辑结构如图 1.12 所示。

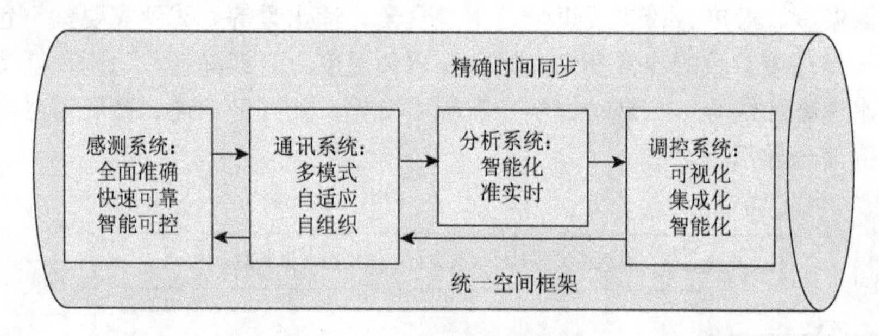

图 1.12　试验系统逻辑结构

总之，本实验系统旨在针对深部矿井灾害特征、面向灾害防控，针对深部矿井感测设计、数据传输、智能分析与反馈控制 4 项主体功能（图 1.12），研发一套三维可视化智能化灾害感控实验系统。通过本系统，有望验证相关学科成果、解决关键技术、突破关键难题、推动相关研究，如：数字矿山三维集成及统一空间框架问题，数字矿山时间补偿及精确同步问题，灾害环境下通讯保障与自适应组网问题，多源数据融合与多参数智能处理问题，异常快速识别、智能决策与反馈调控问题。

1.5　本书内容概貌与结构体系

本书通过对 M-WSN 协作节能数据传输方法的总结和梳理，为感兴趣的研究人员和工程实践人员提供一定的参考和借鉴。本书以节点之间的协作为基础，通过彼此之间的信息交换，共同完成数据的高效采集和节能传输。为此，本书第 2-8 章将从协作传输的基本原理、分簇协作节能传输（包括虚拟分簇协作节能传输）、特殊场合的协作节能传输、协作节能传输的工程应用等四个方面进行探讨，见图 1.13。

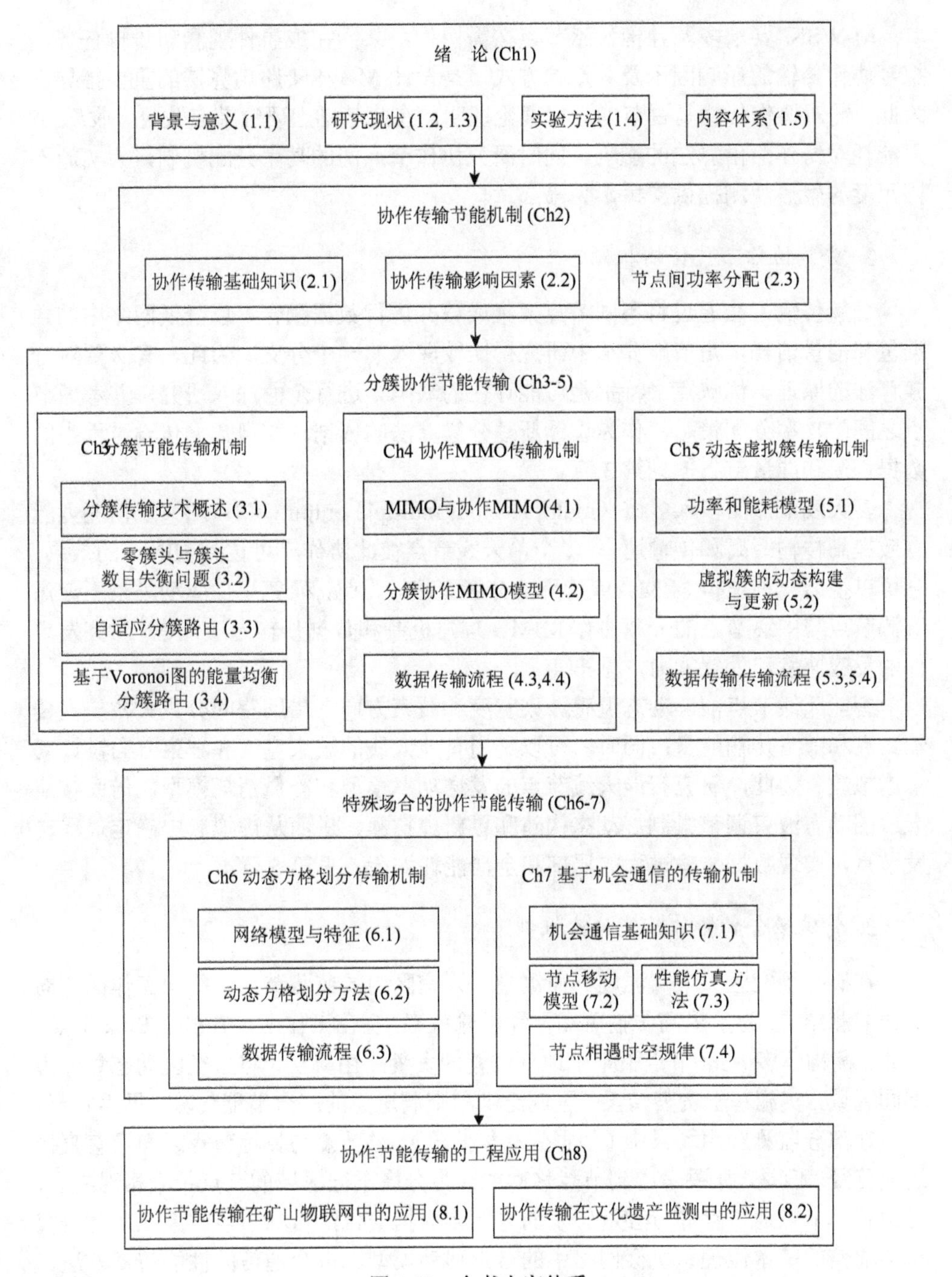

图 1.13　全书内容体系

1. 协作传输节能机制

M-WSN 要求多源异构传感节点按需协作，共同完成事件观测和传输任务。探寻协作传输的影响因子及其影响方式，是设计 M-WSN 路由算法的重要指导。为此，需对协作传输是否节能进行理论证明，在此基础上研究节点数目、收/发节点能耗对协作路由算法的影响，同时研究协作节点间的功率分配机制，为实施不同尺度的聚焦观测提供支撑，见第 2 章。

2. 分簇协作节能传输机制

分簇传输方法通过将不同节点聚集成簇并进行数据融合，以降低网络中的数据量和能量消耗，是节能算法中研究得比较深入的一个分支。为此，有必要对分簇算法的原理、优缺点（特别是可能存在的缺陷）进行全面深入研究，并考虑节点之间的功率分配策略，作为设计新颖分簇算法的依据，实现数据传输过程中的数据均衡和能量节省，见第 3 章。

多天线节点的多入多出（multiple input multiple output，MIMO）通信能力能有效提高传输距离和传输速率，多个单天线节点彼此协作亦可达到MIMO的效果，它可以视为一种虚拟 MIMO 或特殊的分簇策略。为此，研究事件驱动场景下聚焦观测节点与中继节点的分簇协作 MIMO 构建机制和数据传输方法，提升对突发事件的反应速度和处置能力，见第 4 章。

智能天线节点能够动态调整波束宽度和波束方向，借助空间分集大幅提高传输距离和节省传输能量；同时，可以利用智能天线的波束宽度和波束方向设计动态虚拟簇。为此，研究智能天线节点的发送功率模型和能量消耗模型，借助智能天线的动态波束调整机制，动态构建和更新虚拟簇，进而从虚拟簇中确定最优转发节点，实现数据传输过程的局部和全局能耗均衡，见第 5 章。

3. 特殊场合的协作节能传输机制

在矿井采空区火灾（温度）监测中，采空区内的监测节点始终向工作面方向传输监测结果。为了提高传输可靠性和传输效率，宜在工作面设置多个 Sink 节点。为此，需构建多 Sink 节点下基于地理位置的贪婪路由算法，将采空区动态划分为不同区域，实施基于贪婪转发、区域泛洪和空洞避免的联合节能传输，见第 6 章。

在部分监测应用场景中（如野生动物监测），源节点与目标节点之间没有直接连通路径。但是，如果考虑到节点移动能够为分属不同区域的节点带来相遇机会，可由移动节点通过存储-运载-转发的方式将数据交付给目标节点。为此，需研究机会通信的基本原理、机会网络中的节点移动模型、机会通信的性能仿真方法、机会网络中节点相遇的时空特征等内容，为没有直接连通路径情况下的数据传输提供支撑，见第7章。

4. 协作节能传输的工程应用

协作节能传输在工程领域中具有巨大的应用价值。为了示范说明，本书将以矿山物联网和文化遗产监测两个领域的工程应用为例，探讨实际应用中的架构体系、数据感知接口引擎设计、信息的感知传输、表示与处理和分析应用，并对M-WSN与现有网络以及其他信息基础设施的集成方法进行初步探讨，见第8章。

总之，本书以监测节点的协作通信为暗线、以监测数据的节能传输为明线，力图形成较为完整的监测数据传输的理论方法体系。

第 2 章　协作传输节能机制

对于无线传感器网络，节点的电源一般是电池[62]。由于部署在某些区域的节点更换电池非常不便，甚至根本不可能，因此节能与否是一个重要的指标[63, 64]。同时，对于监测传感网中的数据传输，无论采用哪种数据传输方法（路由算法），本质上都需要节点彼此协作[65]，共同完成数据传递任务[66, 67]。在对地观测传感网、矿山应急救援传感网、感知矿山物联网等的研究和应用中，均需要根据特定场景设计相应的节能路由算法，因此迫切需要了解算法设计过程中影响能耗的共性因素。本章将对一般网络拓扑下协作通信是否一定能够节省能量、能量节省与节点收发电路能耗、协作节点数量之间的关系等问题进行研究和探讨[41]。

2.1　协作传输基础

2.1.1　无线信号传播特征

无线环境中的信号传播本质上是广播传输。无线信道与有线信道的一个显著差别在于其多径特性[68]，即信号在传播过程中可能由于反射、衍射、散射等原因，使得接收机收到来自多条路径的信号，见图 2.1[69]。无线信号在传播过程

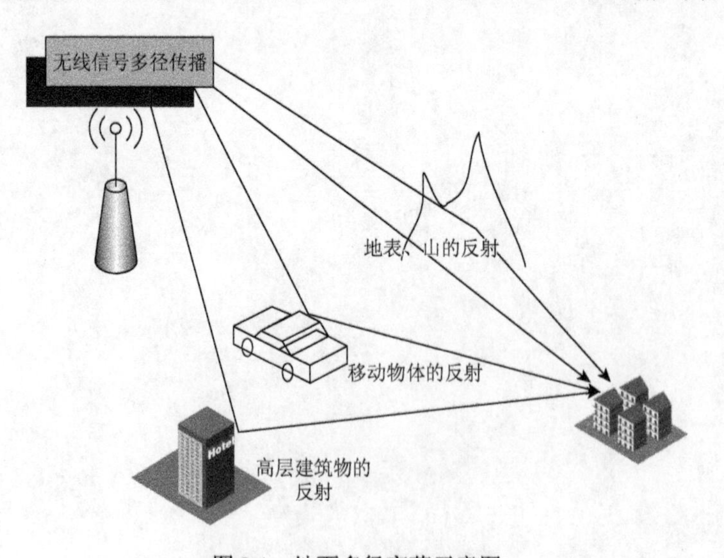

图 2.1　地面多径衰落示意图

中会逐渐损耗，并受到快衰落或（和）慢衰落的影响，并可能受到其他发射机的干扰。

假定发射天线的辐射各向同性[68]，其发射功率为 P_{TX}，那么在距离发射天线距离 d 的球面上的能量密度为 $P_{\text{TX}}/(4\pi d^2)$。假定接收天线的“有效面积”为 A_{RX}，它与接收天线增益 G_{RX} 之间的关系为 $G_{\text{RX}}=A_{\text{RX}}(4\pi/\lambda^2)$，可以证明，根据 Friis 定律，接收能量为

$$P_{\text{RX}}=P_{\text{TX}}G_{\text{TX}}G_{\text{RX}}(\lambda/(4\pi d))^2 \tag{2.1}$$

若信号在街道、峡谷、隧道和走廊中传播，则信号类似于在波导（电介质）中传播。传统的波导理论预测传播损耗随距离呈指数增长，在走廊的测量结果表明大多数符合 d^{-n} 规则，其中 $n\in[1.5,5]$。例如，矿井中对信号传递影响最大的是巷道中的金属结构，而巷道截面面积和形状以及巷道围岩介质对测距模型的影响则不太大。井下存在大量的周期性环状金属结构，如爆破用雷管引线、金属支柱等，它们等效于环形天线，对电磁能量具有较强的吸附作用。为此，可引入电磁衰减指数[70]，以反映金属结构的几何尺寸和介电常数的影响，从而得出衰减指数与电磁波工作频率的近似关系式，建立节点间距离与信标节点发射功率、工作频率的能量传递测距模型。

信标节点在测距时向目标节点发射测距信号，目标节点所接收到的信号功率为[71]

$$P_{\text{RX}}=\frac{c^2G_{\text{RX}}}{4\pi f_0^2}\frac{P_{\text{TX}}G_{\text{RX}}\sigma}{(4\pi)^2d_n^4}=\frac{c^2G_{\text{RX}}^2P_{\text{TX}}\sigma}{(4\pi)^3d_n^4f_0^2} \tag{2.2}$$

其中，G_{RX} 为信标节点天线增益；P_{TX} 为信标节点发射功率；σ 为目标节点天线散射截面；c 为光速；f_0 为信标节点的工作频率；d_n 为信标节点与目标节点的距离。

若电磁波辐射区域存在金属结构，电磁波会损耗部分能量，经金属吸收后传到目标节点的电磁波辐射能量为

$$P_{\text{RS}}=\frac{c^2P_{\text{TX}}\left[G_{\text{RX}}^2\sigma-(4\pi)^2d_n^4D(\theta,\varphi)\mathrm{e}^{-2\alpha_{\text{Eh}}d_n}\right]}{(4\pi)^3d_n^4f_0^2} \tag{2.3}$$

其中，α_{Eh} 为环状金属结构的衰减指数；$D(\theta,\varphi)$ 为天线的方向性系数；d_n 为沿金属结构方向的衰减距离。由于能量衰减在较长时间内持续存在，因此 d_n 近似为目标节点与信标节点间的距离。

2.1.2　协作通信基础

协作通信也称协作分集或协作中继，是一种特殊的空间分集技术[72]。如图 2.2 所示，若节点 r 和 d 都处于节点 s 的覆盖范围之内，当节点 s 发送数据给 d 的时候，r 亦能接收到该信号，该节点可

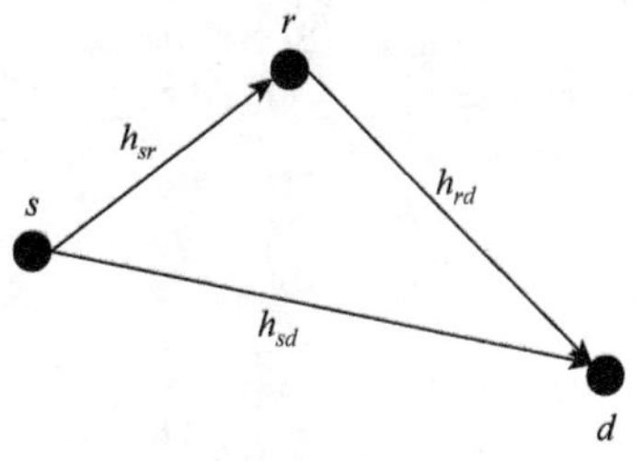

图 2.2　简化的协作通信示意图

以作为节点 s 与 d 的中继，以增强系统的传输成功率。节点 r 即为中继节点（或协作节点）。

以图 2.3 为例，与图 2.2 相同，s 和 d 分别为源节点和目标节点。在非协作的情况下，信号传递路径为 $s \to 1 \to 3 \to d$。由于无线传输通路的广播特性，如果节点 1 与节点 2 均处于节点 s 的覆盖范围，那么这两个节点都能够收到来自于 s 的信号。Khandani 等的研究表明[73, 74]，可以通过这种协作的方式降低功耗，达到节省节点能量的目的，后面章节将针对任意拓扑的网络进行理论证明。在后面章节中，对于非协作传输情况，称本节点到下一节点直接的数据发送为一跳；在协作传输情况下，则参照非协作路径定义数据的跳数，如 $s \to 1$ 为第一跳，1 和 2 协作发送数据给 3 为第二跳，等等。与文献[73]相似，这里不考虑节点之间的协作能耗。

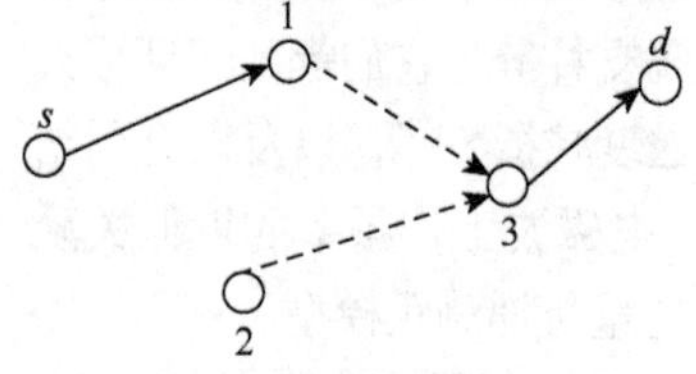

图 2.3　协作数据传递

节点之间的协作策略很多，用得较多的主要有放大转发（amplify-and-forward，AF）、解码转发（decode-and-forward，DF）以及选择转发（selective relaying，SR），见图 2.4[75]。AF 中的中继节点收到发送节点的信号后，对其进行放大后转发给目标节点，因此是一种非再生中继方式[76]。这种中继方式对系统复杂度的要求较低，对中继节点的处理能力和链路的性能要求也不高[69]。

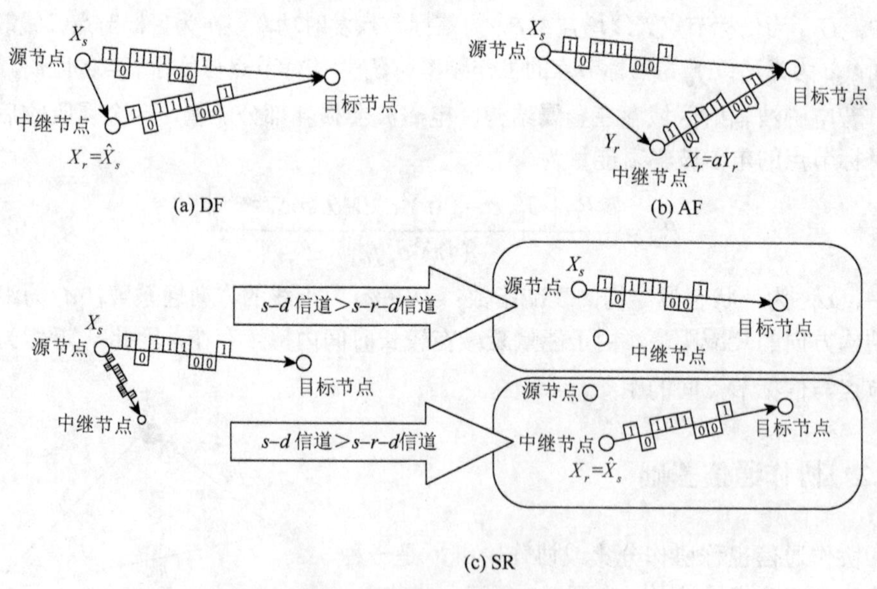

图 2.4　三种典型中继策略

假定发送节点 s 所发信号为 $x(n)(n=1,2,\cdots,K)$，接收节点 r 所收到的信号为

$y(n)(n=1,2,\cdots,K)$，它将该信号放大后再发送出去的信号为

$$r(n)=\beta y(n-k),\quad n=k+1,k+2,\cdots,2K \tag{2.4}$$

其中，β 为放大系数，应满足 r 的功率限制条件，即

$$\beta=\sqrt{\frac{P}{\left|h_{sr}\right|^2 P+N_0}} \tag{2.5}$$

其中，h_{sr} 为源节点 s 与中继节点 r 间的信道衰落系数；P 为节点 r 的接收信号功率；N_0 为噪声功率。AF 方式中，若 β=1，系统输入和输出间的最大平均互信息量（信道容量）为

$$I_{\mathrm{AF}}=\frac{1}{2}\log_2\left(1+\mathrm{SNR}\left|h_{sd}\right|+\frac{\mathrm{SNR}\left|h_{sr}\right|^2\left|h_{rd}\right|^2}{\left|h_{sr}\right|^2+\left|h_{rd}\right|^2+1}\right) \tag{2.6}$$

AF 方式虽然简单，但是混杂在有用信号中的噪声信号也会被放大，增大了接收节点解码时的误判概率，降低了协作通信系统的整体性能。AF 方式可看成两个发射端的重复码，目标节点通过合并源节点 s 和中继节点 r 的信号恢复出 s 所发送的信号。

系统在没有中继转发（Direct）与采用 AF 中继转发情况下的 BER 情况如图 2.5 所示。由图可知，系统的误码率是信噪比的单调递减函数，AF 中继方式协作通信系统的误码率低于直接链路系统的误码率。由此可见，AF 中继方式协作通信系统能够有效地提高无线通信系统的性能。

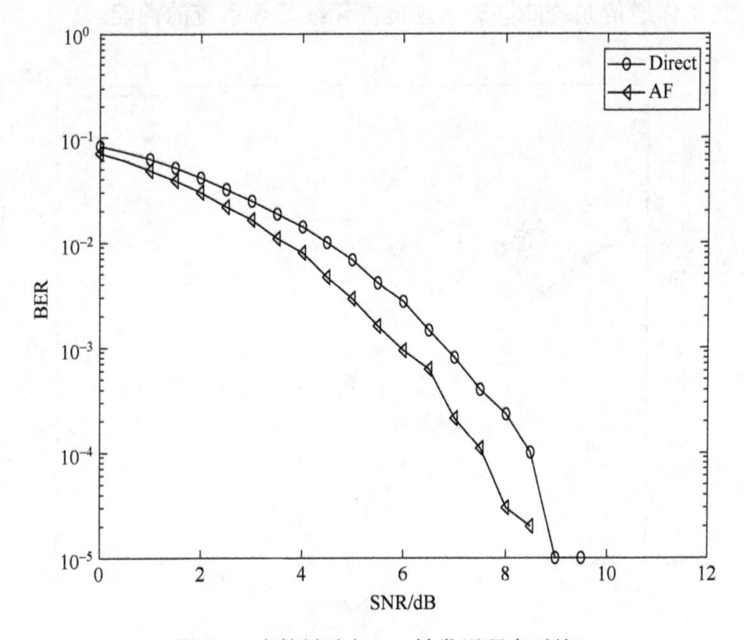

图 2.5　直接链路与 AF 转发误码率对比

在 DF 中，协作节点（中继节点）先对收到的信号进行解调、解码和估值，然后用原来的编码方式对该信号进行编码、调制后发送出去。这种方式中的协作节点能够消除高斯白噪声，可有效避免 AF 模式中将噪声信号一同放大的问题。但是，若协作节点在解码时产生误码，该误码将会继续转发给目标节点。若协作节点能够根据解码结果的正误决定是否参与协作，则可避免这种错误转发的发生。

解码转发过程的顺利进行需要满足两个条件：首先，中继节点能够正确地接收来自源节点的信息，对信息进行解码后然后转发出去；其次，目标节点要能够正确地解码，并将来自源节点和中继节点的信号进行合并。因此，解码转发协议仅适用于源-中继节点信道质量较好的信道，若源-中继节点信道质量不好，中继节点将不能正确解码，继而不能成功完成协作中继传输的工作。

DF 模式下，协作节点可以对收到的整个码字进行完全译码，也可对各符号进行逐个译码。若是完全译码，则系统输入和输出间的最大平均互信息量为

$$I_{\mathrm{DF}}=\frac{1}{2}\min\left\{\log_2\left(1+\mathrm{SNR}\left|h_{sr}\right|^2\right),\log_2\left(1+\mathrm{SNR}\left(\left|h_{sd}\right|^2+\left|h_{rd}\right|^2\right)\right)\right\} \tag{2.7}$$

其中，min 函数的第一项表示中继节点能够对源节点发来的信息可靠译码时的最大速率；第二项则表示目标节点能对收到的重复信号进行准确译码时的最大速率，当中继节点和目标节点都能无差错地对整个码字进行译码时，互信息量最小。

系统在没有中继转发情况下与采用 DF 中继转发情况下的 BER 情况如图 2.6 所示。DF 中继方式协作通信系统的误码率低于直接链路系统的误码率。由此可见，DF 中继方式协作通信系统能够有效地提高无线通信系统的性能。

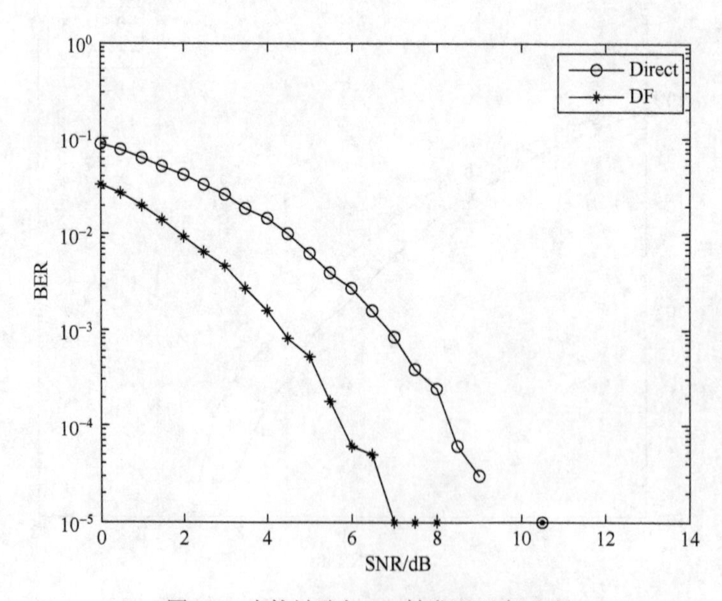

图 2.6　直接链路与 DF 转发误码率对比

式（2.7）说明，DF 协作模式中的数据传输速率受限于源节点与中继节点间的信道容量，当信道状况 h_{sr} 较差时，中继节点可能对信息作出错误判断，使得此时的协作无法得到全分集。为此，可以采用选择中继方案，即所有可能的中继节点 R 自测信噪比，信噪比大于预设门限值的潜在中继都可参与转发，即协作节点根据信道状况来自适应调整传输方式。当瞬时信噪比大于门限值的时候，中继节点采用 AF 或 DF 策略为源节点转发数据；反之，则转为非协作模式，由源节点重复发送所需传送的数据。当采用选择译码转发时，其信道容量为

$$I_{\mathrm{SDF}}=\begin{cases}1/2\log_2(1+2\mathrm{SNR}|h_{sr}|^2), & |h_{sr}|^2<f(\mathrm{SNR})\\ 1/2\log_2(1+\mathrm{SNR}(|h_{sd}|^2+|h_{rd}|^2)), & |h_{sr}|^2\geqslant f(\mathrm{SNR})\end{cases} \tag{2.8}$$

其中，$f(\mathrm{SNR})=\dfrac{2^{2R}-1}{\mathrm{SNR}}$ 为预设的门限值，R 为传输速率。

2.1.3　链路费用模型

节点之间的链路可分为三类[73]，一类是点对点（point to point，P2P）链路，第二类是一点对多点（point to multiple point，P2MP）链路，第三类是多点对一点（multiple point to point，MP2P）链路。其中，P2P 链路的费用如下：

$$\mathrm{LC}(s,t)=\frac{\mathrm{SNR}_{\min}P_\eta}{\alpha^2} \tag{2.9}$$

其中，$\mathrm{SNR}_{\min}$ 为接收节点正确解码信号所需的最小信噪比；P_η 为噪声功率；α 为信号在该链路上所经历的幅度衰减。图 2.3 中 $3\to d$ 的路径费用即为这种情况。

P2MP 链路费用如下：

$$\mathrm{LC}(s,T)=\max\{\mathrm{LC}(s,t_1),\mathrm{LC}(s,t_2),\cdots,\mathrm{LC}(s,t_m)\} \tag{2.10}$$

其中，T 为 m 个节点所组成的接收节点集合。图 2.3 中节点 s 发送数据给节点 1 和 2 即为这种情况。

MP2P 链路费用如下：

$$\mathrm{LC}(S,t)=\frac{1}{\dfrac{1}{\mathrm{LC}(s_1,t)}+\dfrac{1}{\mathrm{LC}(s_2,t)}+\cdots+\dfrac{1}{\mathrm{LC}(s_n,t)}} \tag{2.11}$$

其中，S 为 n 个发送节点所组成的发送节点集合。图 2.3 中节点 1 和节点 2 协作发

送数据给节点 3 的路径费用即为这种情况。

2.2 协作通信的能耗与影响因素

2.2.1 协作通信节能的理论证明

对于式（2.9）中的 P2P 链路消耗，$\mathrm{LC}(s,t)$ 包含了发送节点的发射电路、天线放大部分和接收节点的接收能耗。此处假设节点之间的信道采用自由空间模型[77]，其功率损耗与 d_*^2（d_* 表示距离，这样表示是为了与目标节点的表示 d 相区分）成正比。不妨设发送节点在发射电路和天线放大部分能量消耗分别为 $E_{\mathrm{Tx-elec}}$ 和 $E_{\mathrm{Tx-amp}}$，则发送节点发送 k 个比特数据所需的能量为

$$\begin{aligned} E_{\mathrm{Tx}}(k,d_*) &= E_{\mathrm{Tx-elec}}(k)+E_{\mathrm{Tx-amp}}(k,d_*) \\ &= kE_{\mathrm{elec}}+kE_{\mathrm{fs}}d_*^2 \end{aligned} \tag{2.12}$$

其中，E_{elec} 为发射电路发送 1bit 所消耗的能量；E_{fs} 为自由空间模型下天线放大 1bit 所消耗的能量。

接收节点接收这 k 个比特数据的能耗为

$$E_{\mathrm{Rx}}(k)=R_{\mathrm{Rx-elec}}(k)=kE_{\mathrm{elec}} \tag{2.13}$$

其中，$R_{\mathrm{Rx-elec}}$ 为接收电路的能量消耗；E_{elec} 与式（2.12）中的含义相同，此处假定发送 1bit 数据与接收 1bit 数据所消耗能量相等。本章后续仿真中，若无特殊说明，k 都设定为 3000bit。

对于式（2.10）中的 P2MP 链路，此处限定 $\mathrm{LC}(s,T)\leqslant \mathrm{LC}(s,t_i)$，即让节点 s 覆盖范围内的节点参与协作，处于此范围之外的节点不再以增大节点 s 的发射功率为代价参与协作。如果节点 s 覆盖区域除了 t_i 之外也没有其他节点，那就不考虑协作而直接用非协作方式传输。

现在证明式（2.11）中的 $\mathrm{LC}(S,t)$ 小于 $\mathrm{LC}(s_i,t)(i\in(1,2,\cdots,n))$。不失一般性，令 $i=1$。对 $\mathrm{LC}(S,t)$ 略作变换，得

$$\begin{aligned} \mathrm{LC}(S,t) &= \frac{\mathrm{LC}(s_1,t)\mathrm{LC}(s_2,t)\cdots \mathrm{LC}(s_n,t)}{\mathrm{LC}(s_2,t)\mathrm{LC}(s_3,t)\cdots \mathrm{LC}(s_n,t)+\cdots+\mathrm{LC}(s_1,t)\mathrm{LC}(s_2,t)\cdots \mathrm{LC}(s_{n-1},t)} \\ &= \frac{\prod_{i=1}^{n}\mathrm{LC}(s_i,t)}{\sum_{j=1}^{n}\left(\prod_{i=1}^{n}\frac{\mathrm{LC}(s_i,t)}{\mathrm{LC}(s_j,t)}\right)} = \frac{\mathrm{LC}_n}{\sum_{j=1}^{n}\frac{\mathrm{LC}_n}{\mathrm{LC}(s_j,t)}} \end{aligned} \tag{2.14}$$

其中，$\mathrm{LC}_n=\prod_{i=1}^{n}\mathrm{LC}(s_i,t)$，表示 n 条协作路径的费用的乘积。于是有

$$\frac{\mathrm{LC}(S,t)}{\mathrm{LC}(s_1,t)}=\frac{\prod_{i=2}^{n}\mathrm{LC}(s_i,t)}{\sum_{j=1}^{n}\left(\frac{\mathrm{LC}_n}{\mathrm{LC}(s_j,t)}\right)}=\frac{\prod_{i=2}^{n}\mathrm{LC}(s_i,t)}{\prod_{i=2}^{n}\mathrm{LC}(s_i,t)+Z} \tag{2.15}$$

其中，$Z=\sum_{j=1,j\neq 2}^{n}\left(\frac{\mathrm{LC}_n}{\mathrm{LC}(s_j,t)}\right)>0$，因此式（2.15）中的分母部分必然大于分子部分，从而有 $\frac{\mathrm{LC}(S,t)}{\mathrm{LC}(s_1,t)}<1$，即 $\mathrm{LC}(S,t)<\mathrm{LC}(s_1,t)$。同理可证 $\mathrm{LC}(S,t)$ 小于 $\mathrm{LC}(s_i,t)(i\in(1,2,\cdots,n))$。这说明协作情况下的数据传输，其路径费用一定小于非协作情况下的路径费用，即能够带来能量节省。

结论 1：在不考虑协作能耗的情况下，协作传输一定会带来能量节省。以协作方式设计 WSN 路由算法，能够达到节省能量的目的。

2.2.2 协作节点数量的影响

令 $\mathrm{LC}(S_i^*,t)$ 为 i 个节点参与协作时的链路费用，$\mathrm{LC}(S_{i-1}^*,t)$ 为 $i-1$ 个节点参与协作时的链路费用，那么有

$$\frac{\mathrm{LC}(S_i^*,t)}{\mathrm{LC}(S_{i-1}^*,t)}=\frac{\mathrm{LC}_n}{\sum_{j=1}^{n}\left(\frac{\mathrm{LC}_n}{\mathrm{LC}(s_j,t)}\right)}\frac{\sum_{j=1}^{n-1}\left(\frac{\mathrm{LC}_{(n-1)}}{\mathrm{LC}(s_j,t)}\right)}{\mathrm{LC}_{(n-1)}}$$

$$=\frac{\mathrm{LC}(s_n,t)\sum_{j=1}^{n-1}\left(\frac{\mathrm{LC}_{(n-1)}}{\mathrm{LC}(s_j,t)}\right)}{\sum_{j=1}^{n}\left(\frac{\mathrm{LC}_n}{\mathrm{LC}(s_j,t)}\right)}=\frac{\sum_{j=1}^{n-1}\left(\frac{\mathrm{LC}_n}{\mathrm{LC}(s_j,t)}\right)}{\sum_{j=1}^{n}\left(\frac{\mathrm{LC}_n}{\mathrm{LC}(s_j,t)}\right)}=\frac{x}{y}$$

其中，$x=\sum_{j=1}^{n-1}\left(\frac{\mathrm{LC}_n}{\mathrm{LC}(s_j,t)}\right)$，$y=\sum_{j=1}^{n}\left(\frac{\mathrm{LC}_n}{\mathrm{LC}(s_j,t)}\right)$，现在求 y 与 x 之差：

$$y-x=\sum_{j=1}^{n}\left(\frac{\mathrm{LC}_n}{\mathrm{LC}(s_j,t)}\right)-\sum_{j=1}^{n-1}\left(\frac{\mathrm{LC}_n}{\mathrm{LC}(s_j,t)}\right)=\frac{\mathrm{LC}_n}{\mathrm{LC}(s_n,t)}=\prod_{i=1}^{n-1}\mathrm{LC}(s_i,t)=\mathrm{LC}_{(n-1)}>0$$

于是可得 $y>x$，进而得到

$$\frac{\mathrm{LC}(S_i^*,t)}{\mathrm{LC}(S_{i-1}^*,t)}=\frac{x}{y}<1 \tag{2.16}$$

由式（2.16）可以得到

$$\mathrm{LC}(S_i^*,t)<\mathrm{LC}(S_{i-1}^*,t) \tag{2.17}$$

式（2.17）表明，i个节点协作传递数据所需的链路消耗小于$i-1$个节点协作所消耗的消耗，由此，可得如下结论。

结论2：在不考虑协作能耗的情况下，协作数据传递所需的能耗随着协作节点的数量的增加而降低，即带来的能量节省越大。

2.2.3　收发电路能耗的影响

现在考虑节点收发电路能耗$E_{\text{Tx-elec}}$和$R_{\text{Rx-elec}}$的影响。这里假设协作情况下每一跳的$E_{\text{Tx-elec}}$、$R_{\text{Rx-elec}}$与非协作情况下相同，以图2.3为例，第二跳数据传输在非协作的情况下由2传递给3，协作的时候由2和3协作传递数据给3，此假设意味着：

$$\begin{aligned}(kE_{\text{elec}}(2))_{\text{NonOp}}&=(kE_{\text{elec}}(2)+kE_{\text{elec}}(3))_{\text{Op}}\\(E_{\text{elec}}(2))_{\text{NonOp}}&=(E_{\text{elec}}(2)+E_{\text{elec}}(3))_{\text{Op}}\end{aligned} \tag{2.18}$$

也就是说，协作传输时总发射功率不能大于非协作情况，此时要求将非协作情况下的$(E_{\text{elec}}(2))_{\text{NonOp}}$按照一定的方式在$E_{\text{elec}}(2)_{\text{Op}}$和$E_{\text{elec}}(3)_{\text{Op}}$上分配。此时的一跳能耗为

$$\begin{aligned}E&=E_{\text{Tx}}(k,d_*)+E_{\text{Rx}}(k)=(kE_{\text{elec}}+kE_{\text{fs}}d_*^2)+kE_{\text{elec}}\\&=2kE_{\text{elec}}+kE_{\text{fs}}d_*^2\end{aligned} \tag{2.19}$$

因此，能量节省比可以表达为

$$E_{\text{save-}p}=\frac{E_{\text{save}}}{E_{\text{NonOp}}}=\frac{E_{\text{NonOp}}-E_{\text{Op}}}{E_{\text{NonOp}}}=\frac{E_{\text{fs}}(d_*^2-d_*'^2)}{2E_{\text{elec}}+E_{\text{fs}}d_*^2} \tag{2.20}$$

其中，d_*代表非协作情况下该跳的长度（简称跳长）；d_*'为协作情况下的等效跳长。

在式（2.20）中对E_{elec}求导，可得

$$\frac{\mathrm{d}(E_{\text{save-}p})}{\mathrm{d}(E_{\text{elec}})}=-\frac{2E_{\text{fs}}(d_*^2-d_*'^2)}{(2E_{\text{elec}}+E_{\text{fs}}d_*^2)^2} \tag{2.21}$$

前面已经证明，协作情况下的费用必然小于非协作情况下的费用，因此必然有$(d_*^2-d_*'^2)>0$，而E_{fs}和分母部分$2E_{\text{elec}}+E_{\text{fs}}d_*^2$必然大于零，因此可知$\dfrac{\mathrm{d}(E_{\text{save-}p})}{\mathrm{d}(E_{\text{elec}})}<0$，说明能量节省比是一个单调递减的函数，随着$E_{\text{elec}}$的逐渐减小，能量节省值必然逐渐增大，其极限情况是$E_{\text{elec}}=0$时，此时有

$$E_{\text{save-}p}=\frac{E_{\text{fs}}(d_*^2-d_*'^2)}{2E_{\text{elec}}+E_{\text{fs}}d_*^2}=\frac{d_*^2-d_*'^2}{d_*^2}=1-\left(\frac{d_*'}{d_*}\right)^2 \tag{2.22}$$

此时，链路费用直接与距离对应，因此令 $d'_* = \mathrm{LC}(S,t)$， $d_* = \mathrm{LC}(s_1,t)$，并将式（2.15）代入式（2.22），得

$$\begin{aligned} E_{\text{save}-p} &= 1-\left(\frac{d'_*}{d_*}\right)^2 = 1-\frac{\prod_{i=2}^{n}\mathrm{LC}(s_i,t)}{\prod_{i=2}^{n}\mathrm{LC}(s_i,t)+\sum_{j=1,j\neq 2}^{n}\left(\frac{\mathrm{LC}_n}{\mathrm{LC}(s_j,t)}\right)} \\ &= \frac{\sum_{i=2}^{n}\left(\frac{\mathrm{LC}_n}{\mathrm{LC}(s_j,t)}\right)}{\prod_{i=2}^{n}\mathrm{LC}(s_i,t)+\sum_{j=1,j\neq 2}^{n}\left(\frac{\mathrm{LC}_n}{\mathrm{LC}(s_j,t)}\right)} \end{aligned} \tag{2.23}$$

当只有两个节点参与协同（即 $n=2$ ）时，有

$$\begin{aligned} E_{\text{save}-p} &= 1-\left(\frac{d'_*}{d_*}\right)^2 = \frac{\sum_{j=2}^{2}\left(\frac{\mathrm{LC}_2}{\mathrm{LC}(s_j,t)}\right)}{\prod_{i=2}^{2}\mathrm{LC}(s_i,t)+\sum_{j=2}^{2}\left(\frac{\mathrm{LC}_2}{\mathrm{LC}(s_j,t)}\right)} \\ &= \frac{\mathrm{LC}(s_1,t)}{\mathrm{LC}(s_1,t)+\mathrm{LC}(s_2,t)} \end{aligned} \tag{2.24}$$

这与直接将 $n=2$ 代入式（2.11）求得的结果是一致的。

结论 3：在考虑节点收发电路能耗的情况下，协作传输所带来的能量节省值与收发电路的能耗成反比，当 $E_{\text{elec}}=0$ 时，能量节省值达到上限。

2.2.4　仿真实验与结果分析

采用与文献[73]中的 CAN-l 与 PC-l 相结合的方法验证上述结论，称为 l 节点协作节能路由算法（energy-saving link cost routing algorithm based on l nodes cooperation，ELC-l），其算法流程见图 2.7，其中 WM 表示以距离为基础的权值矩阵。先利用 Dijkstra 求得源节点 s 与目标 d 的最短路径 $\text{path}_{\text{NonOp}}$；在协作传输时，沿着 $\text{path}_{\text{NonOp}}$ 上的 l 个节点作为协作节点，它们协作将数据传输给当前跳的目标节点，此时，把这 l 个节点当做一个“超级节点 Su”，它到目标节点的费用可用式（2.11）计算。

以图 2.8（a）为例，如果 $l=2$ ，那么协作传输过程如下：①求得节点 5 到节点 14 的 Dijkstra 最短路径，为 $5\to1\to4\to19\to3\to14$ ，这将是非协同情况下的数据传输路径；②节点 4 发送数据给节点 1；③节点 5 与节点 1 协同发送数据给 4；④节点 1 与节点 4 协同发送数据给 19；⑤节点 4 与节点 19 协同发送数据给 3；⑥节点 19 与节点 3 协同发送数据 14。

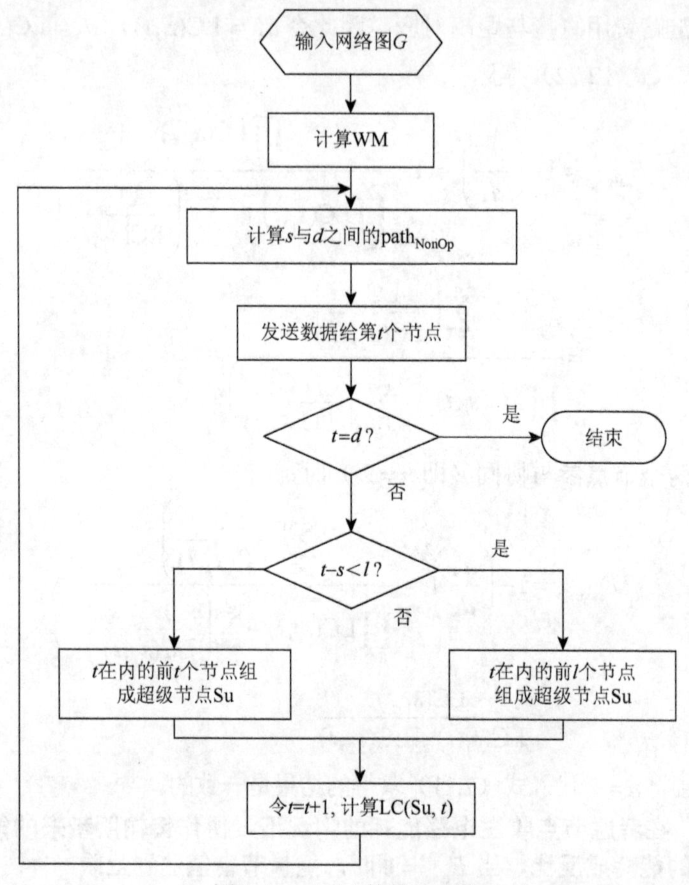

图 2.7　ELC-l 的算法流程

仿真中设定的参数如下：各个节点初始能量都为 $E_o = 1\text{J}$。图 2.8（a）中的节点数量为 20，源节点和目标节点分别为节点 5 和节点 14。图 2.8（b）中的节点数量为 40，源节点和目标节点分别为节点 33 和节点 37。为了保证网络连通，设定节点覆盖范围为 30m。

先不考虑发送电路能量消耗与接收能量消耗，只考虑路径开销，此时的一跳能耗为 $kE_{\text{fs}}d_*^2$。图 2.8（a）中的能量节省百分比 $E_{\text{save}-p}$ 为

$$E_{\text{save}-p} = \frac{E_{\text{NonOp}} - E_{\text{Op}}}{E_{\text{NonOp}}} \times 100\% = 72.78\% \tag{2.25}$$

从式（2.25）可以看出，协作情况相对于非协作情况的能耗节省达到了 72%以上，效果非常突出。不过，这样的传输方式显然存在不合理之处，因为：①发送与接收数据肯定是要消耗能量的，不能只考虑路径开销；②如果始终以最短路径的方式求得的 $\text{path}_{\text{NonOp}}$ 路径上的节点为协作对象，那么这些节点的能量将快速耗

尽而“死亡”；③组成“超级节点”的l个成员节点并不是一个整体，在发送数据时，应解决各节点应该以多大的功率发送的问题，即功率分配问题。

现在将节点的收发电路能耗考虑进来，其余两个问题将在后续研究中进一步探讨。令E_{elec}=50nJ/bit，E_{fs}=10pJ/(bit·m^2)，此时，求得图 2.8（a）中的能量节省百分比E_{save-p}仅为 0.1392，说明收发电路挤占了绝大多数协作传输在路径费用中的能量节省。

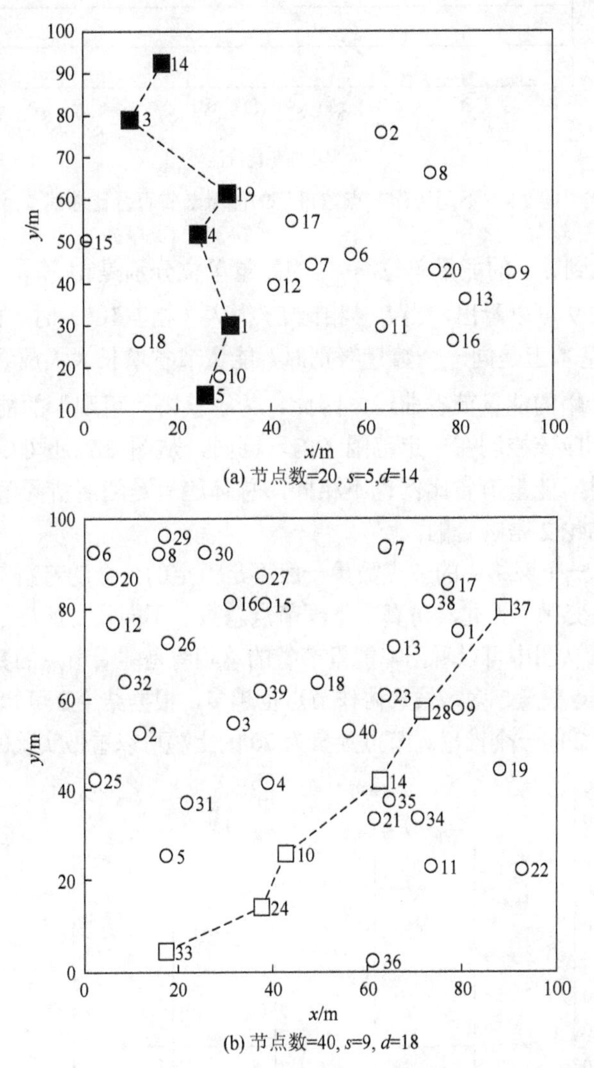

(a) 节点数=20, s=5,d=14

(b) 节点数=40, s=9, d=18

图 2.8　在 100×100 区域内部署 20/40 节点的无线传感器网络

当然，实际系统中的E_{elec}可能没有这么大，为此，将E_{elec}取不同值，来研究收发电路对能耗的影响，见图 2.9。从图 2.9 中可以看出，随着E_{elec}的逐渐减小，能量节省百分比逐渐增大，这充分印证了结论 1 和结论 3。

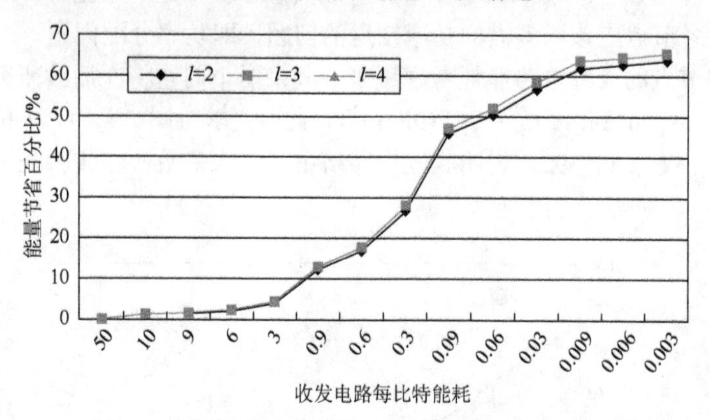

图 2.9　不同协作节点数量下的能量节省百分比曲线

另外，注意到 E_{elec} 的能量单位与 E_{fs} 的能量单位分别是 nJ 和 pJ，并且 E_{fs} 始终等于 10。从图 2.9 可以看出，当 E_{elec} 相比 E_{fs} 很大（相差10^3）时，能量节省很少。而当 E_{elec} 与 E_{fs} 基本上是同一个数量级别时，能量节省增长大大放缓，形成一种两端平缓、中间陡峭的能量节省曲线。因此，为了获得“可观”的能量节省，收发电路的能量消耗应该控制在一定范围之内。同时，从图 2.9 还可以看出，当协同节点数量不同时，能量节省比例也不相同，总体趋势是随着协同节点数量的增加而增加，这与结论 2 是吻合的。

在实践中，一个网络中的节点数量一般不是恒定的，会随着新节点的加入或者老节点的死亡而变化。为此，仿真了不同节点总数、不同收发能耗下的能量节省情况，见图 2.10。从图中可以看出，能量节省的总趋势是随着节点的数量的增加而增加，其原因是节点数量越多，候选协作节点也越多，根据结论 2 可知能量节省越多，这可以作为结论 2 的一个推论。节点数量为 20 的上翘可以看做实验的偶发因素。

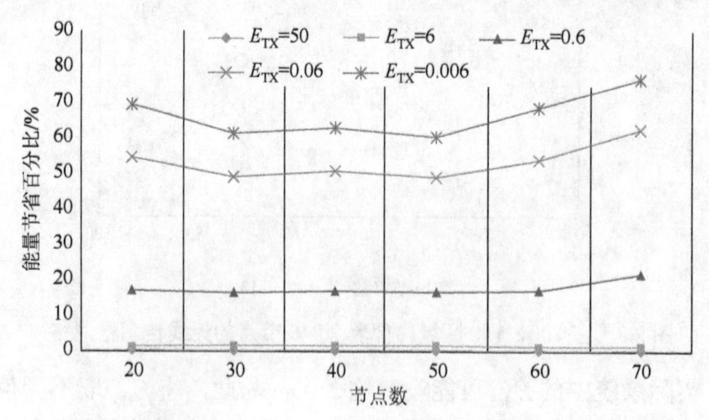

图 2.10　不同节点总数、不同收发能耗下的能量节省百分比

结论 4：能量节省值与网络中的节点总数有关，节点总数越多，候选协作节点越多，能量节省越多。

2.3　协作节点间的功率分配

功率分配即在总功率一定的情况下，通过对源节点和中继节点的功率分配使协作系统性能达到最优，对提高整个系统的能量使用效率也大有好处，其主要优化目标包括系统的误码率、信噪比、系统信道容量、系统中断概率等。在多中继系统中，中继节点对来自源节点信号的处理类似于单中继系统[78, 79]。

2.3.1　系统模型

此处在文献[80]的基础上提出一种多中继协作通信模型，如图 2.11 所示。此系统包含一个源节点 s，一个目标节点 d 和 N 个中继节点 $r_1, r_2, \cdots, r_N$，h_{sd} 为源节点到目标节点信道的信道系数，$h_{sr_i}(i=1,2,\cdots,N)$ 为源节点到中继节点信道的信道系数，$h_{r_id}(i=1,2,\cdots,N)$ 为中继节点到目标节点信道的信道系数。该协作通信系统采用放大转发中继策略，协作中继方式为半双工，采用基于时分复用的正交信道，以减少各中继在信息发送之间的相互干扰。

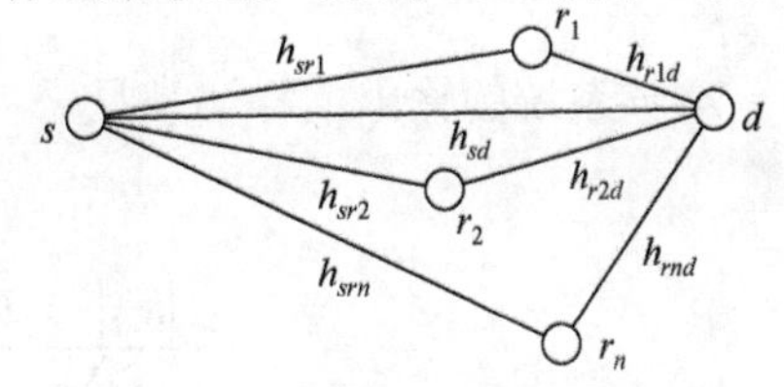

图 2.11　多中继协作通信系统模型

现假设源节点发射功率为 P_s，中继节点发射功率为 P_i，源节点和中继节点的总功率为 P。源节点和中继节点的发射功率可以表示为

$$P_s=\alpha_0 P,\quad 0<\alpha_0\leqslant 1 \tag{2.26}$$

$$P_i=\alpha_i P,\quad 0\leqslant\alpha_i<1; i=1,2,3,\cdots,N \tag{2.27}$$

$$\alpha_0+\sum_{i=1}^{N}\alpha_i=1 \tag{2.28}$$

令 y_{sr_i} 表示中继节点接收到的来自源节点的信号，y_{r_id} 表示目标节点接收到的来自中继节点的信号，y_{sd} 表示目标节点接收到的来自源节点的信号，x 表示源节点发出的信息符号，η_{sr_i}、η_{r_id}、η_{sd}、$\eta_{r_i'd}$ 均为均值为零、方差为 N_0 的高斯加性噪声，h_{sr_i}、h_{r_id}、h_{sd} 都是均值为零、方差为 N_0 的复高斯随机变量，那么

$$y_{sr_i}=\sqrt{P_s}h_{sr_i}x+\eta_{sr_i} \tag{2.29}$$

$$y_{r_i d} = \sqrt{\frac{P_i}{P_S \left| h_{sr_i} \right|^2 + N_0}} h_{r_i d} x + \eta_{r_i d} \tag{2.30}$$

$$y_{sd} = \sqrt{P_s} h_{sd} x + \eta_{sd} \tag{2.31}$$

其中，$\eta_{r_i d} = \sqrt{\frac{P_i}{P_s \left| h_{sr_i} \right|^2 + N_0}} h_{r_i d} \eta_{sr_i} + \eta_{r_i' d}$。

目标节点处采用最大比合并（maximal ratio combining，MRC）接收方式，此时，该系统输出信号的信噪比可以表示为[81, 82]

$$\gamma = \frac{\left| h_{sd} \right|^2 \alpha_0 P}{N_0} + \sum_{i=0}^{N} \frac{\frac{\left| h_{sr_i} \right|^2 \alpha_0 P \left| h_{r_i d} \right|^2 \alpha_i P}{N_0}}{\frac{\left| h_{sr_i} \right|^2 \alpha_0 P}{N_0} + \frac{\left| h_{r_i d} \right|^2 \alpha_i P}{N_0} + 1} \tag{2.32}$$

该系统的输出信噪比满足

$$\gamma \leqslant \frac{\left| h_{sd} \right|^2 \alpha_0 P}{N_0} + \sum_{i=0}^{N} \frac{\frac{\left| h_{sr_i} \right|^2 \alpha_0 P \left| h_{r_i d} \right|^2 \alpha_i P}{N_0}}{\frac{\left| h_{sr_i} \right|^2 \alpha_0 P}{N_0} + \frac{\left| h_{r_i d} \right|^2 \alpha_i P}{N_0}} \tag{2.33}$$

此处考虑各节点处的噪声方差 N_0=1 的一般情况，此时，该系统的信噪比可以表示为

$$\begin{aligned} \gamma &\leqslant \left| h_{sd} \right|^2 \alpha_0 P + \sum_{i=0}^{N} \frac{\left| h_{sr_i} \right|^2 \left| h_{r_i d} \right|^2 \alpha_0 \alpha_i P^2}{\left| h_{sr_i} \right|^2 \alpha_0 P + \left| h_{r_i d} \right|^2 \alpha_i P} \\ &= \left| h_{sd} \right|^2 \alpha_0 P + \sum_{i=0}^{N} \left(\frac{1}{\left| h_{sr_i} \right|^2 \alpha_0 P} + \frac{1}{\left| h_{r_i d} \right|^2 \alpha_i P} \right)^{-1} \\ &\leqslant \left| h_{sd} \right|^2 \alpha_0 P + \frac{P}{2} \sum_{i=0}^{N} \sqrt{\left| h_{sr_i} \right|^2 \alpha_0 \left| h_{r_i d} \right|^2 \alpha_i} \end{aligned} \tag{2.34}$$

考虑该系统的平均误码率（average bit error rate，ABER），单链路接收到 M-PSK 调制信号的误码率可以表示为[83]

$$P_e = \frac{1}{\pi} \int_0^{(M-1)\pi/M} \exp\left(-\frac{g_{\text{psk}} \gamma}{\sin^2(\theta)} \right) \mathrm{d}\theta \tag{2.35}$$

其中，$g_{\text{psk}}=\sin^2\left(\dfrac{\pi}{M}\right)$。

目标节点处使用 MRC 接收以后，L 条独立路径输出的 ABER 为[84]

$$P_e=\frac{1}{\pi}\int_0^{(M-1)\pi/M}\prod_{l=0}^{L}M_{\gamma^{(l)}}\left(\frac{-g_{\text{psk}}}{\sin^2\theta}\right)\mathrm{d}\theta \tag{2.36}$$

其中，$M_{\gamma^{(l)}}(s)=\int_0^{\infty}p_{\gamma^{(l)}}(\gamma)\mathrm{e}^{s\gamma}\mathrm{d}\gamma$，$\gamma^{(l)}$ 为第 l 条信道的瞬时信噪比，$p_{\gamma^{(l)}}(\gamma)$ 为 $\gamma^{(l)}$ 的概率密度函数。

若 L 条信道皆为瑞利信道[85]，则

$$M_{\gamma^{(l)}}\left(\frac{-g_{\text{psk}}}{\sin^2\theta}\right)=\left(1-\frac{-g_{\text{psk}}}{\sin^2\theta}\overline{\gamma}^{(l)}\right)^{-1}=\left(1+\frac{g_{\text{psk}}\overline{\gamma}^{(l)}}{\sin^2\theta}\right)^{-l} \tag{2.37}$$

当 $\overline{\gamma}\gg 1$ 时，有

$$M_{\gamma^{(l)}}\left(\frac{-g_{\text{psk}}}{\sin^2\theta}\right)\approx\left(\frac{g_{\text{psk}}\overline{\gamma}^{(l)}}{\sin^2\theta}\right)^{-1}$$

此时，系统的平均误码率可以表示为

$$P_e\approx f_L(\theta_{\text{M-PSK}})\prod_{l=0}^{L}(\overline{\gamma}^{(l)})^{-1} \tag{2.38}$$

其中，$f_L(\theta_{\text{M-PSK}})=\dfrac{1}{\pi}\left(\prod_{l=0}^{L}(g_{\text{psk}})^{-1}\right)\int_0^{(M-1)\pi/M}\prod_{l=0}^{L}(\sin^2\theta)\mathrm{d}\theta$。

由式（2.38）可知，一个系统的误码率为其信噪比的单调递减函数，因此可将求解系统最小误码率转化为求解该系统的最大信噪比[79]：

$$\begin{cases}\max\gamma=\left|h_{sd}\right|^2\alpha_0+\dfrac{1}{2}\displaystyle\sum_{i=0}^{N}\sqrt{\left|h_{sr_i}\right|^2\alpha_0\left|h_{r_id}\right|^2\alpha_i}\\ \alpha_0+\displaystyle\sum_{i=0}^{N}\alpha_i=1\end{cases} \tag{2.39}$$

2.3.2　基于折中差分演化的功率分配

要精确求解式（2.39）是非常困难的。文献[78]、[86]的做法是先求出误码率的上界，然后根据该上界的表达式和约束条件使用拉格朗日乘法得到该功率分配

的方程组，求得功率分配方案。这种求解方案虽能估计出源节点和中继节点的功率，但是在功率分配的精确性上依然有所欠缺。

Storn 等提出了差分演化算法[87]，用以解决连续全局优化的问题，其基本思想是使用当前种群个体的差来实现种群重组，再使用父子种群个体的适应值竞争来得到新一代种群。与遗传算法先杂交后变异不同，差分演化算法是先变异后杂交，并具有三个显著优点[88]，即待定的参数少、不易陷入局部最优、收敛速度快。

前面已经叙述，求解图 2.11 所示的多中继协作通信系统的最优功率分配方案可看成在约束条件 $\alpha_0+\sum_{i=0}^{N}\alpha_i=1$ 下求解系统最大信噪比问题。对于有约束条件问题的求解，文献[89]、[90]提出了有效的差分演化算法，但是，考虑到差分演化算法在多目标求解过程中不能收敛到最优值，此处使用一种折中差分演化算法，它既不完全随机选取，也不贪婪地保留个体信息，以解决差分演化算法的稳健性和收敛速度上的不足[91]。

为此，引入松弛因子 ε 来处理等式约束的问题，其约束条件可以表示为 $h(\alpha_0,\alpha_1,\cdots,\alpha_N)=\sum_{i=0}^{N}\alpha_i-1=0$。取 ε 为一个任意小的正数，令 $\left|h(\alpha_0,\alpha_1,\cdots,\alpha_N)\right|<\varepsilon$。引入松弛因子后，使用两条规则来处理不等式约束问题：

规则 1：在竞争过程中产生的两组解，若一组违背约束条件，一组满足约束条件，则取满足约束条件的那组解；

规则 2：在竞争过程中产生的两组解，在两组解都满足约束条件的情况下，取适应值大的那组解。

折中差分演化算法步骤如下。

（1）设定参数初始值，即为算法的主要参数确定初始值，包括变异因子 F、迭代次数 MaxGens 和交叉概率 CR。

（2）种群初始化。声明两个 N 行 D 列的矩阵，记为 X_1 和 X_2，其中 X_1 用于存放当前种群（随机产生的 $N\times D$ 个服从均匀分布的数）；迭代次数设定为 g=1。

（3）当迭代次数 g=MaxGens 时，算法终止，并输出 X_1，否则继续。

（4）对种群 X_1 中的每个向量执行如下操作。

①变异操作。在种群中找到两个不等于目标向量 x_i 的随机向量 x_a,x_b，变异后的目标向量为

$$x_{i1}=x_i+F(x_a-x_b) \tag{2.40}$$

②交叉操作。在种群中选择一个适应度不比目标向量低的向量作为交叉向量，假设该向量为 x_c，则交叉后的向量为

$$x_{i2} = \frac{x_{i1} + x_c}{2} + F(x_c - x_{i1} + x_a - x_b) \tag{2.41}$$

③选择操作。随机产生一个不小于 0 且不大于 D–1 的整数 Z，以及一个在[0, 1]上服从均匀分布的随机数 r，j 为 x_i 的维数。若 $r \leqslant \mathrm{CR}$ 或者 $j = Z$，则根据式(2.41)计算 x_{i2}，否则 $x_{i2} = x_i$。

④竞争操作。让 x_i 与 x_{i2} 根据不等式约束规则进行竞争，胜出的个体赋予 x_i。

（5）$g \leftarrow g+1$，返回步骤（3）。

2.3.3　仿真实验与结果分析

本节对具有 N（$N \geqslant 2$）个中继节点的放大转发协作通信系统进行性能仿真，目标节点处采用 MRC 分集接收技术；中继节点处于静止状态且随机分布于源节点和目标节点之间，各节点处的噪声方差 $N_0=1$。仿真采用 Monte Carlo 方法，迭代次数 MaxGens=1000，变异因子 F=0.8，交叉概率 CR=0.8。

图 2.12 为在有两个中继节点的情况下，等功率分配方案的协作通信系统（equal power allocation，EPA）与无中继协作通信系统（non-cooperative）的误码率性能分析情况。等功率分配方案是指在总功率一定的情况下，将总功率平均分配至源节点和目标节点，属于静态分配。从图 2.12 可以看出，随着信噪比的增加，等功率分配方案的协同通信系统与无中继协作通信系统的误码率均迅速降低，系统的误码率性能显著加强。在信噪比相同的情况下，等功率分配方案的协作通信系统

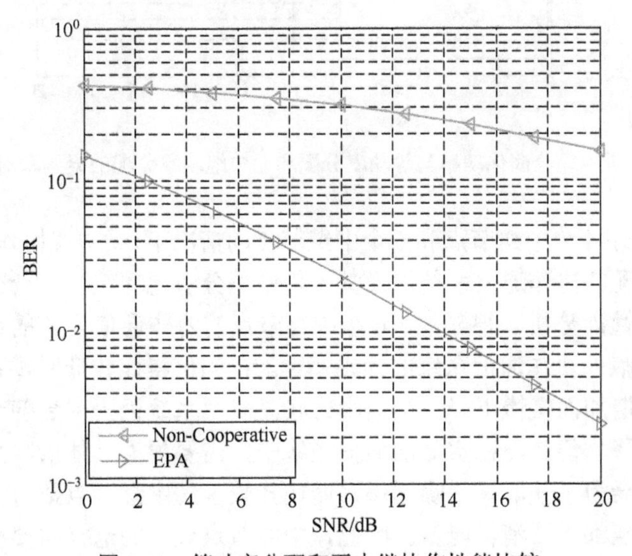

图 2.12　等功率分配和无中继协作性能比较

的误码率远低于无中继协作通信系统的误码率，且随着系统信噪比的增加，这种差距越来越大。

图 2.13 为在有两个中继节点的情况下，基于折中差分演化算法的功率分配方案（optimum power allocation，OPA）与基于等功率分配方案和无中继功率分配方案的误码率对比情况。由图 2.13 可知，相较于无中继协作的情况，等功率分配和基于折中差分演化算法功率分配方案的协作通信系统的误码率性能均有所提高。但是，采用折中差分演化算法的功率分配方案的协作通信系统性能优于等功率分配方案的协作通信系统。随着信噪比的增加，误码率性能差距越来越大。因此，在信噪比较高的情况下，基于折中差分演化算法的功率分配方案的协作通信系统的优势更为突出。

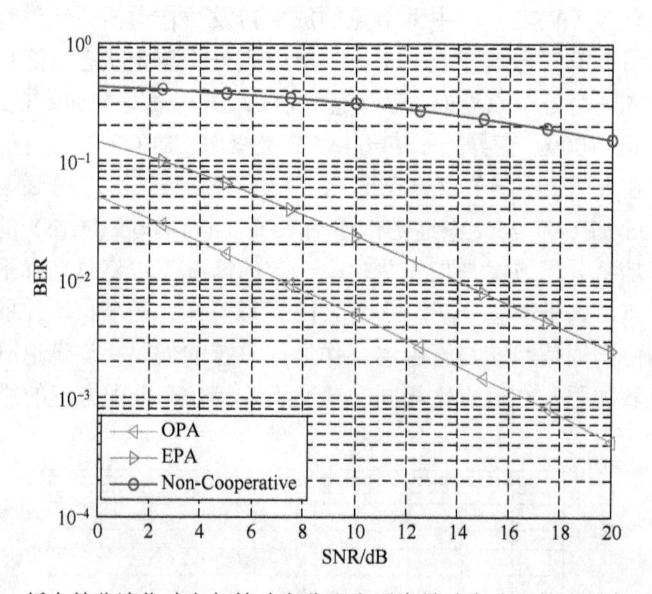

图 2.13　折中差分演化功率与等功率分配和无中继功率分配的误码率对比情况

图 2.14 为在 4 个中继节点和 6 个中继节点的情况下，无中继协作的通信系统、采用等功率分配的协作通信系统以及基于折中差分演化算法功率分配的协作通信系统的误码率性能分析。很显然，6 个中继节点的协作通信系统的误码率性能优于 4 个中继节点的协作通信系统的误码率性能；当信噪比较低时，系统误码率随着中继数目的增加而缓慢下降；当信噪比较高时，系统误码率会随着中继数目的增加而迅速下降。但是，在实际的通信系统中，需要根据具体情况来选择合适的中继数目，不会为了获取高信噪比增益而选择较多的中继节点数目参与协作，毕竟每个中继节点都需要消耗能量。因此，中继节点数目的选择需要根据系统环境的实际情况，不能盲目决定。

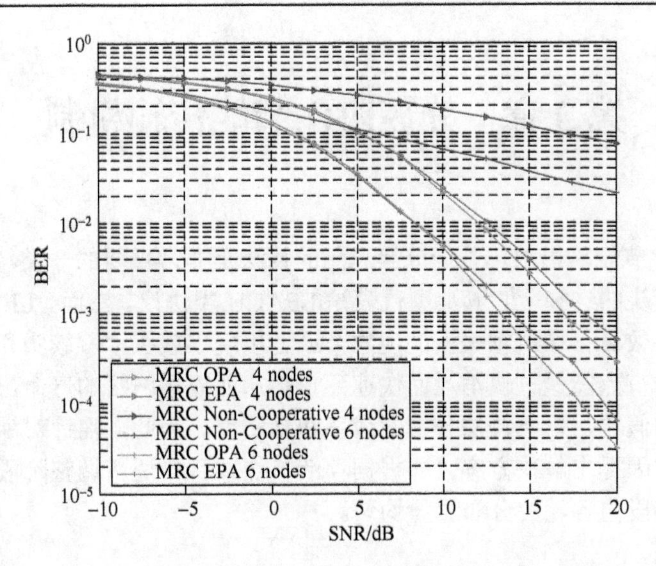

图 2.14　OPA、EPA 与无中继协作通信系统在不同中继节点数目情况下的性能比较

第3章 分簇协作节能传输机制

在 WSN 节能路由中，基于分簇思想的算法是非常重要的一类，它的关键是簇的划分和簇头的选择[92]，其典型代表是 LEACH 类协议。然而，LEACH 类协议阶段内的簇头数目存在严重失衡的现象，或者出现零簇头。零簇头和簇头失衡不但会导致部分节点能量过快消耗而快速死亡，从而缩短网络的寿命，而且会使得算法中出现虚假轮，影响算法分析的效率和真实度。为此，需针对零簇头与簇头失衡问题的成因提出解决方案，即根据存活节点数目自适应调整阶段的轮数，使簇头数目在阶段内各轮的分布尽量均匀。

3.1 分簇传输技术概述

在所有的节能路由算法中，分簇算法是当前研究得比较深入的一个分支[93-95]。在某些特殊应用场合，网络的物理布局本身就是分簇结构[96, 97]，将分簇算法用于这些场合不但可以增强网络对物理拓扑的适应能力，而且对提高网络能量使用效率大有裨益。通过分簇，可以减少节点移动对路由算法带来的影响和路由发现过程中的洪泛开销[98]，并且能够加速路由查找过程，减小参与路由计算的节点数目和路由表尺寸，使路由协议具有更强的扩展能力。

在分簇算法研究中通常对网络拓扑作如下假定[40, 77, 99]：所有普通和簇头节点的初始能量都相同，有基础设施架构的网络中，基站的能量没有限制；节点具有环境感知能力，能够感知频谱、节点位置等参数的变化；节点能够根据接收到的信号强度计算收发双方之间的距离；节点在网络中随机分布，部署以后空间位置就不再变化（具有移动性的监测 WSN 将在第 6 章和第 7 章讨论）；节点具有参数重配能力。

图 3.1 是一个典型的分簇监测传感网络，在这种网络中进行路由选择的基本思想是[100-102]：按照一定准则选举某个节点充当簇头，其他节点按照距离最近等指标选择加入某个簇头，成为该簇头所管辖簇的成员节点。成员节点将数据发给簇头，簇头将自己的数据与成员节点的数据融合以后发送给目标节点。由于节点在收发数据时的能量消耗与收发节点之间的距离的平方甚至四次方成正比，如果让各个节点单独和目标节点通信，势必消耗大量的能量，而分簇算法正好可以解决这个问题。

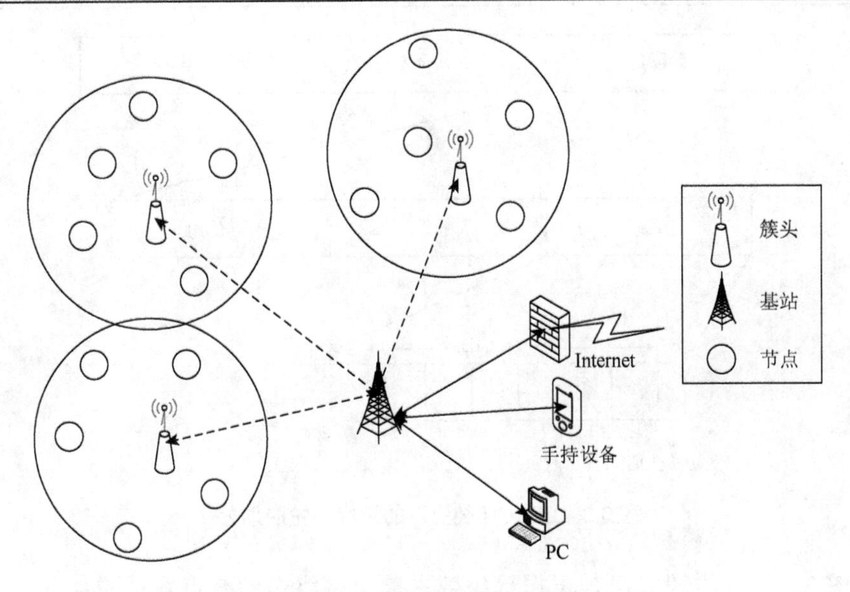

图 3.1　分簇监测传感网示意图

分簇协议通常考虑的因素有[103-105]：分簇的费用、簇头和簇的选择、实时运行、同步（如采用 TDMA 的方式调度各个节点在其时隙内通信）、数据融合、修复机制（节点移动、死亡或干扰导致链路失效时如何重新恢复通信过程）、服务质量（quality of service，简称 QoS，通常与应用相关，设计协议的时候应该考虑相应的 QoS 指标）。

衡量一个分簇路由算法优劣的主要标准有：簇结构的稳定性、簇头节点的数量、负载均衡度以及节能能力[106]。分簇可以基于不同的指标标准，标准不同，算法效率也大不相同[107-109]。根据分簇算法选择簇头的方法不同，得到的簇具有不同的属性，如簇的数目、簇的大小。另外，不同方法中对簇头能力及其特性的假设也不尽相同[110]。

3.2　零簇头与簇头数目失衡问题

3.2.1　簇头选举策略

分簇算法的有名代表是 LEACH[111]及其衍生算法（简称 LEACH 类算法）。LEACH 类算法将时间划分成阶段，每个阶段又被划分成若干轮。每一轮由初始化期与数据传输期组成，前者用于簇头选择和簇的形成，后者用于各节点发送数据，如图 3.2 所示。

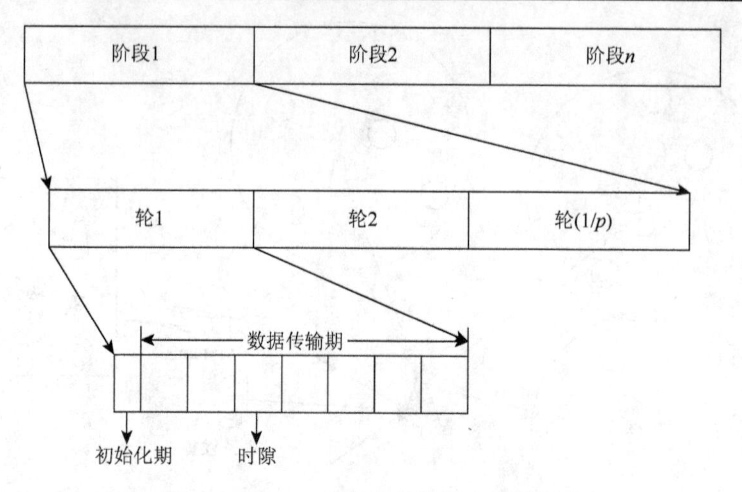

图 3.2　LEACH 类协议的阶段和轮的划分

图 3.2 中的阶段长度是根据簇头数占整个网络中的节点数量的百分比 p 的值确定的，从算法运行开始后便不再改变。例如，若 $p=0.05$，阶段的长度为 $1/p=20$ 轮。

LEACH 协议选择簇头的方法是，各个节点先生成一个 0～1 的随机数 rand，如果该随机数小于阈值 $T(n)$，则节点就成为本轮的簇头。$T(n)$ 的确定方法如式（3.1）所示[40, 77]：

$$T(n)=\begin{cases}\dfrac{p}{1-p\left(r \bmod \dfrac{1}{p}\right)}, & n\in G\\ 0, & \text{其他}\end{cases} \tag{3.1}$$

其中，p 为簇头数比例；r 为当前的轮数；G 是在过去没有充当过簇头的节点集合。每个节点都会在 $1/p$ 轮的某一轮中充当簇头。在第 0 轮的时候（$r=0$），每个节点成为簇头的概率为 p，第 1 轮充当过簇头的节点在接下来的 $1/p$ 轮中不能再充当簇头。也就是说，节点如果在前面的轮数中没有充当过簇头，那么它在本轮是否充当簇头的判断依据如式（3.2）所示：

$$\text{IsCluster}=\begin{cases}1, & \text{rand}\leqslant T(n)\\ 0, & \text{rand}>T(n)\end{cases} \tag{3.2}$$

可以看出，在 LEACH 协议中，簇头的选举是完全随机的[40, 77, 111]，这导致各轮的簇头数目变化大，各轮的簇头数目分布很不均匀。随着网络的运行，各节点的剩余能量不再相等，部分节点由于能量耗尽而死亡，存活节点的空间分布不再均匀，最优簇头数目应该相应改变。另外，在初始化（成簇）时，实际上需要各个节点之间的交互，以确定节点剩余能量和选择加入哪个簇，同时，协议中也没有考虑带宽限制的问题。

由于 LEACH 协议没有考虑节点的剩余能量[112, 113]，因此容易造成部分节点过早死亡而成为“盲节点”[114]。为此，张怡等提出了一种改进型的簇头选择方案[115]：将节点剩余能量与初始能量的比值的负指数函数作为其随机数的大小调节权值，得到一个新的位于 0～1 的随机数，见式（3.3）：

$$\text{Rand} = \text{rand} \times \exp\left[-\frac{E_r}{E_o}\right] \tag{3.3}$$

其中，E_r 为节点的剩余能量；E_o 为节点的初始能量。然后，将这个新的随机数 Rand 取代式（3.2）中的 rand，用于判断节点是否充当簇头。由于 Rand 是 E_r 的递减函数，因此节点剩余能量越大，Rand 越小，该节点成为簇头的概率也就越大。因此，式（3.3）不仅考虑了簇头节点分布的随机性，而且考虑了节点剩余能量对网络寿命的影响。为了称呼方便，后面将张怡等提出的这种改进型的方案称为 EnLEACH。

采用与第 2 章相同的能量消耗模型，即发送节点将一条长 k 个比特的消息发送给距离 d 之外的接收节点的能耗为

$$\begin{aligned} E_{\text{Tx}}(k,d) &= E_{\text{Tx-elec}}(k) + E_{\text{Tx-amp}}(k,d) \\ &= \begin{cases} kE_{\text{elec}} + kE_{\text{fs}}d^2, & d < d_0 \\ kE_{\text{elec}} + kE_{\text{mp}}d^4, & d \geqslant d_0 \end{cases} \end{aligned} \tag{3.4}$$

其中，$E_{\text{Tx-elec}}$ 和 $E_{\text{Tx-amp}}$ 为发送节点发射电路和天线放大部分的能耗；E_{elec} 为发射电路发送 1bit 所消耗的能量；E_{fs} 和 E_{mp} 分别为自由空间模型和多径衰落模型下，天线放大 1bit 所消耗的能量；d_0 为临界距离。

接收这 k 个比特所需的能量为

$$E_{\text{Rx}}(k) = R_{\text{Rx-elec}}(k) = kE_{\text{elec}} \tag{3.5}$$

其中，$R_{\text{Rx-elec}}$ 为接收电路的能量消耗；E_{elec} 与式（3.4）的含义相同。

本章用节点的死亡数（存活情况）来衡量算法的性能。当节点的剩余能量低于某个阈值时，就认为它死亡。这里先考察 LEACH 和 EnLEACH 的能耗情况，所采用的网络拓扑如图 3.3 所示，它是在一个 100m×100m 的区域内随机部署 100 个节点所形成的。

这里及本章后续仿真中的参数设置如下[77]：节点初始能量 $E_o = 0.5\text{J}$，$E_{\text{elec}} =$ 50nJ/bit, E_{fs}=10pJ/bit/m^2，$E_{\text{Tx-amp}} = 0.0013\text{pJ/bit/m}^4$，簇头节点进行数据聚合的能量

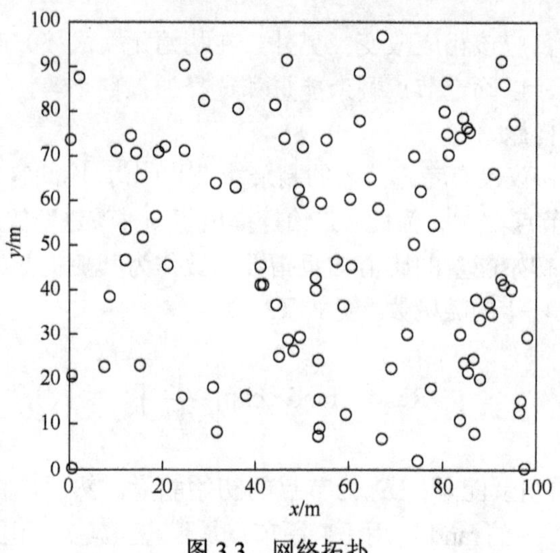

图 3.3　网络拓扑

消耗为 $E_{\mathrm{DA}}=5\mathrm{nJ/bit/}$ 信号，$d_o=\sqrt{E_{\mathrm{fs}}/E_{\mathrm{TX\text{-}amp}}}=87.7\mathrm{m}$，簇头数目与总节点数目的比值 $p=0.05$。节点能量降低到0.2J就认为它死亡，死亡阈值可以任意改变，只影响相对执行轮数，不会影响分析结论。

图3.4是对LEACH和EnLEACH节点死亡情况的仿真结果。从图中可以看出，LEACH协议第一个节点死亡（能量低于阈值）发生在第470轮，而EnLEACH协议发生在第542轮。一般将从网络开始运行到第一个节点死亡之间的时间称为稳定期寿命，从第一个节点死亡开始到所有节点全部死亡的时间为非稳定期寿命，稳定期加上非稳定期即是网络的寿命。可见，LEACH比EnLEACH的稳定期提高了约15%，后续节点的死亡速度大致相当。

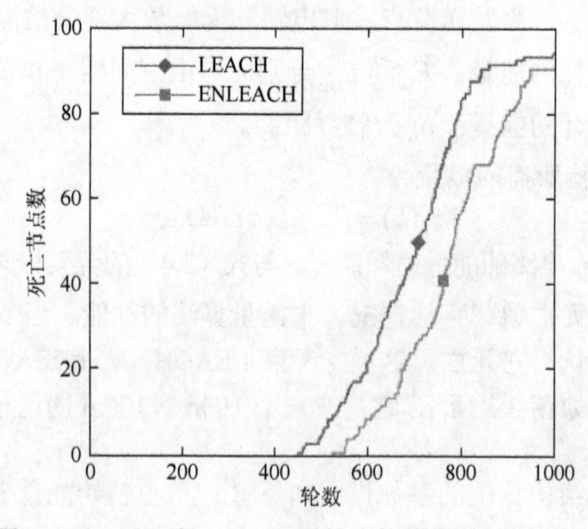

图 3.4　LEACH 与 EnLEACH 协议的节点死亡情况对比

3.2.2　零簇头问题

零簇头问题，指的是在某轮中没有选举出任何一个节点充当本轮的簇头，即簇头数量为零。在 LEACH 协议中，由于是根据生成的 0～1 的随机数是否小于阈值来决定是否充当簇头的，因此如果所有节点生成的随机数均大于阈值，就会导致零簇头问题的出现，如图 3.5 所示。从图中可以看出，LEACH 协议在稳定期出现了 5 次零簇头。

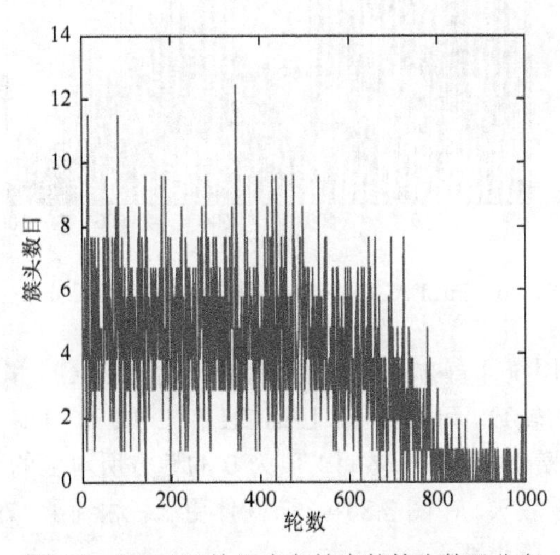

图 3.5　LEACH 协议中各轮中的簇头数目分布

由于 EnLEACH 加入了剩余能量对所生成的随机数进行调节，这将使得原本在 LEACH 协议中可以充当簇头的节点，在 EnLEACH 中由于能量不满足而无法充当簇头，从而使得零簇头问题更为严重，如图 3.6 所示，可以发现它在稳定期出现了大量的零簇头。

根据分簇算法的原理，节点需要通过簇头才能发送数据给目标节点，如果本轮没有选举出簇头，数据发送将无法进行。从这个角度来说，参与分簇的所有节点所消耗的能量都是一种浪费。在出现零簇头的轮中，由于没有数据发送过程，因此能量消耗比正常轮中的消耗要小，因为正常轮不但包括分簇消耗的能量，还包括数据收发消耗的能量。因此，如果用存活的轮数来表述节点的寿命，其寿命必然会比没有零簇头的寿命长。极端情况下，如果算法一直无法成簇，它将一直无法收发数据，它所消耗的能量就永远只有分簇过程中所消耗的能量，其寿命可能会很长。但是这种寿命是一种虚假寿命，所存活的轮其实是一种虚假轮。因此，在用稳定期、寿命等参数计算协议的性能和效率的时候，应该将零簇头扣除之后再进行才能得到真实的结果。

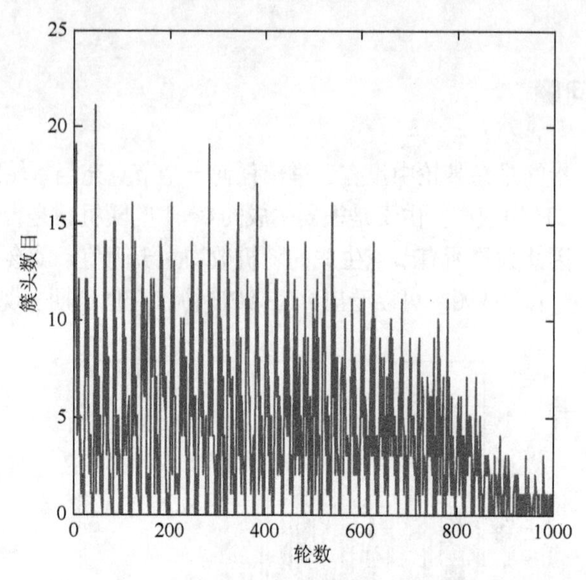

图 3.6　EnLEACH 协议中各轮中的簇头数目分布

图 3.7 和图 3.8 用统计直方图的方式分别给出了 LEACH 和 EnLEACH 协议中各种簇头数目出现的轮数。可以看出，LEACH 和 EnLEACH 具有大量的轮出现零簇头。在图 3.7 中，横坐标（簇头数目）值为 0 的地方所对应的柱体很长，为 166，说明有 166 轮出现零簇头。在图 3.8 中，该柱体更长，达到了 179，说明 EnLEACH 协议中的零簇头现象更为严重。

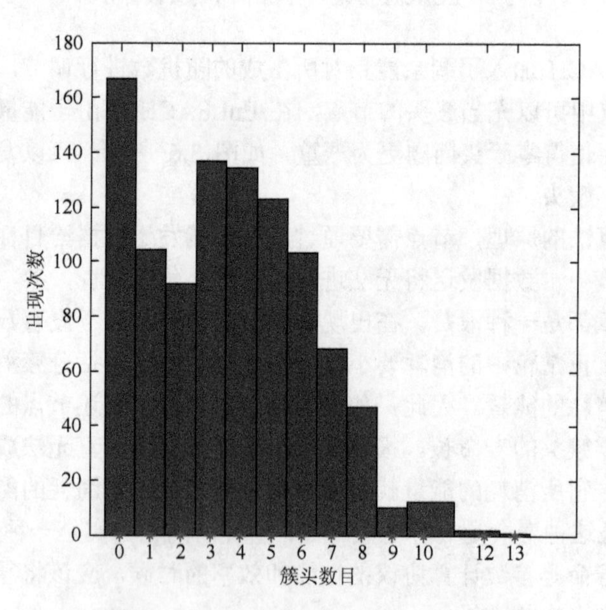

图 3.7　LEACH 算法中簇头数目直方图

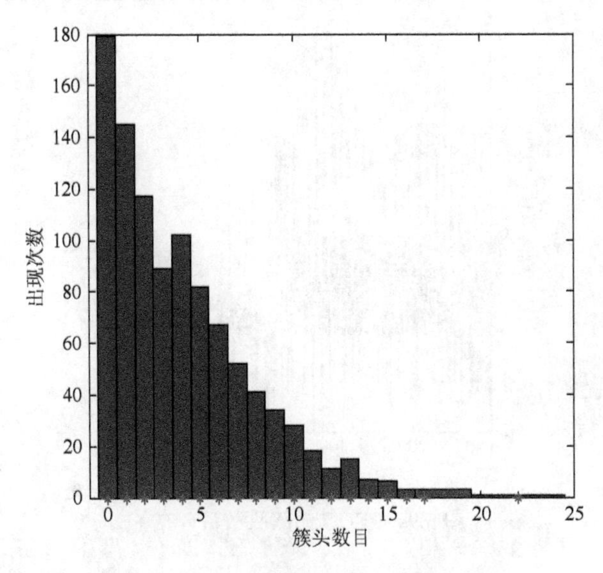

图 3.8　EnLEACH 算法中簇头数目直方图

对于多跳分簇路由算法，靠近目标节点的簇头由于需要转发其他簇头的数据，因此消耗的能量更多，死亡的速度比远离目标节点的节点更快。为此，李成法等设计了一个非均匀分簇的路由协议 EEUC（energe-efficient uneven clustering）[99]，使得一个簇的覆盖范围随着节点与基站（目标节点）之间的距离的增加而增加。靠近基站的簇由于范围小，管辖的普通节点也少，因此接收和融合普通节点的数据的能量消耗更小，可以节省部分能量用于中继转发。簇范围大小是根据式（3.6）计算出的竞争半径确定的。

$$R_c=\left(1-c\frac{d_{\max}-d(s_i,\mathrm{DS})}{d_{\max}-d_{\min}}\right)R_c^o \tag{3.6}$$

其中，R_c 为节点的竞争半径；R_c^o 为最大竞争半径；$d_{\max}$、$d_{\min}$ 分别为网络内各节点到目标节点的最大距离和最小距离；$d(s_i,\mathrm{DS})$ 为节点 i 到目标节点（基站）的距离；c 为调节参数，一般取 1/3。可以看出，随着 d 的减小，R_c 也将减小，从而达到了减小簇大小的目的。这种算法虽然改善了簇的范围和簇头的空间分布，但是依然存在零簇头问题，这可以从图 3.9 中看出来。

另外，EEUC 算法中还存在大量的广播开销。它首先根据 LEACH 的簇头选择方法选择候选簇头，阈值 T 可以设定为固定值，也可以按照 LEACH 协议的方法选取。接着，候选簇头在全网内广播簇头竞争消息 COMPETE_HEAD_MSG，各候选簇头根据该消息构建自己的邻居簇头集合。邻居簇头内剩余能量最多的簇头将成为竞争的胜出者，从而成为正式簇头。接下来，正式簇头将向全网广播获胜消息 FINAL_HEAD_MSG，收到 FINAL_HEAD_MSG 的其他簇头必须发送

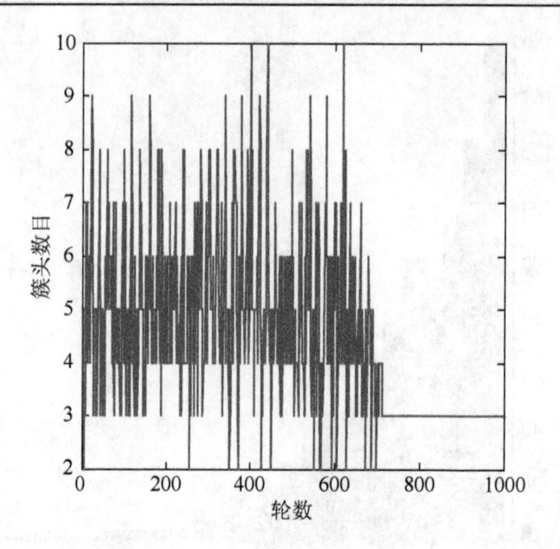

图 3.9　EEUC 的簇头数目分布

QUIT_ELECTION_MSG，明确宣布退出竞选。普通节点根据距离最小原则选择加入哪个簇头，并发送加入消息 JOIN_CLUSTER_MSG。

EEUC 选择下一跳的能量开销为

$$E_r = d^2(s_i, s_j) + d^2(s_j, \mathrm{DS}) \tag{3.7}$$

如图 3.10 所示，簇头节点 B、D 和 E 从邻居簇头中选择能量最大且满足式(3.7)的节点作为下一跳。因此，如果 C 能量较高，它们都将选择 C 作为下一跳，否则直接向基站传递数据。对于 EEUC，由于其候选簇头是根据式（3.2）完全随机选择的，因此，其正式簇头也是随机分布的。对于图 3.10，左下角的节点由于没有簇头覆盖，将不得不增大发射功率以便加入距离最近的簇，这将消耗很大的能量，其实此时直接和目标节点通信更节省能量。

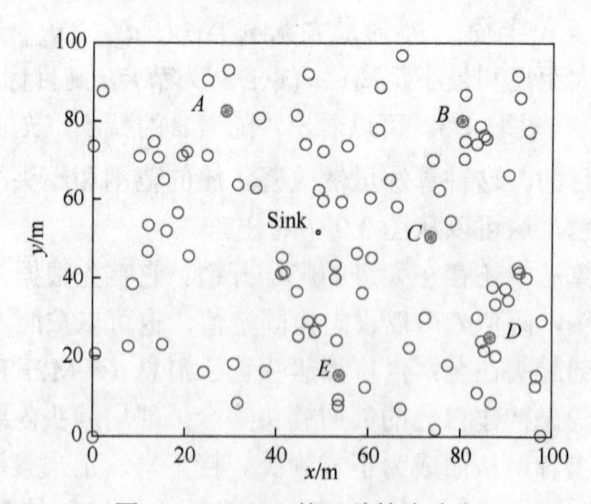

图 3.10　EEUC 的一种簇头分布

3.2.3 簇头数目失衡问题

簇头数目失衡问题，指的是各轮中簇头数目分布不均现象。从图 3.7 和图 3.8 可以看出，EnLEACH 协议中最大簇头数目为 24，LEACH 中最大簇头数目为 13，最小簇头数目都为 0，因此 EnLEACH 协议的簇头数目在各轮中的分布存在严重的失衡问题。波动幅度小，说明每一轮选举出的簇头数目比较均衡，这是簇头路由算法应该竭力达到的目标之一。

根据假设，簇头数目应该在 5 附近波动，LEACH 基本满足这个条件（大量的 0 簇头数目出现在协议运行的后期，那时已有相当部分的节点死亡）。但是 EnLEACH 协议在稳定期即已表现出极大的波动性（图 3.12），方差达到了 16.26；相比而言，LEACH 的簇头数目分布则更趋近于正态分布，方差比 EnLEACH 的方差小得多（图 3.11），为 4.69。

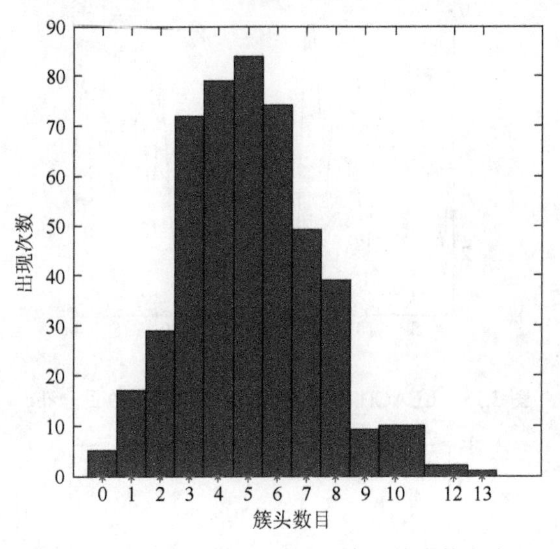

图 3.11 LEACH 算法在稳定期中的簇头数目分布

图 3.13 给出了 LEACH 协议前两个阶段（共 40 轮）的簇头数目变化情况。从图中可以看出，在一个阶段内（如第 1 轮到第 20 轮，第 21 轮到第 40 轮），簇头数目是围绕 $p \times n = 0.05 \times 100 = 5$ 这个理想值上下波动的，但是波动的幅度比较大，如从第 9 轮的 6 个变化为第 10 轮的 2 个，从第 16 轮的 12 个变化到第 17 轮的 2 个。而 EnLEACH 的簇头数目不再围绕理想簇头数上下波动，如图 3.14 所示。EnLEACH 的变化规律是：在一个阶段内，轮数越小，簇头数目越大，后面若干轮的簇头数目基本为零。

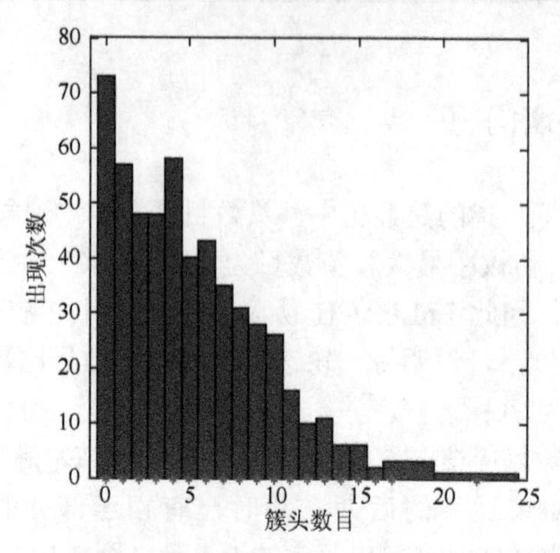

图 3.12　EnLEACH 算法在稳定期中的簇头数目分布

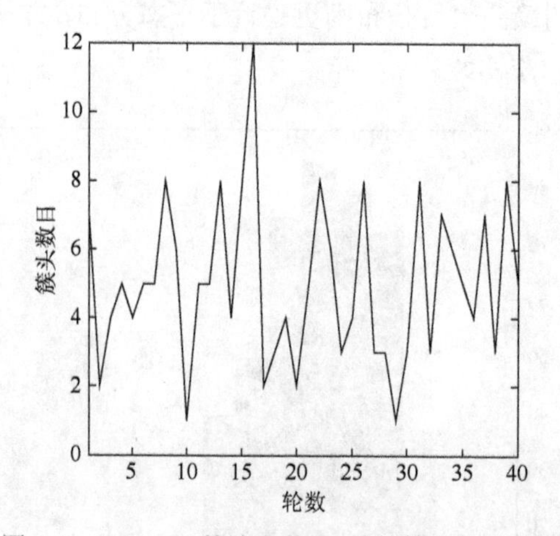

图 3.13　LEACH 算法在前 40 轮的簇头数目分布

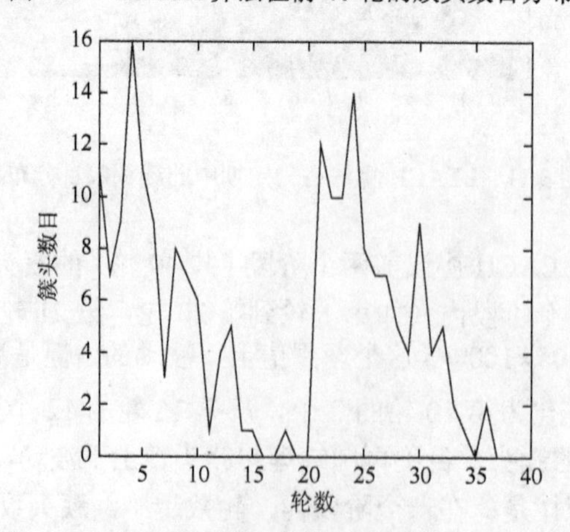

图 3.14　EnLEACH 算法在前 40 轮的簇头数目分布

3.3　自适应分簇路由

3.3.1　问题求解的基本思路

根据零簇头问题的成因，可以有两种解决思路，第一种思路是当出现零簇头时，不将此次选举作为有效的一轮选举，而是继续选举簇头，直到簇头数目不为零时再处理本轮的后续计算过程。这种不将本轮计入节点的稳定期寿命和总寿命的方法可以保证每轮的簇头数目均不为零。第二种方法是出现零簇头时，各节点不再采用分簇的方式发送数据，而是直接将数据发送给目标节点，这种方法简单易行，但是没有簇头帮助融合数据，且节点可能距离目标很远，因此能量会消耗得比较快。

LEACH 和 EnLEACH 均采用第一种方法，也就是当没有簇头时，LEACH 和 EnLEACH 中的节点均不收发数据，直接进入下一轮簇头选举过程，相当于各存活节点在本轮中处于"待机"状态。但是，这两种协议在用轮数计算节点寿命时，都将具有零簇头的轮计算在了总寿命范围内，也就是将虚假轮算入了网络运行寿命中。因此，采用这种思想的算法看似节省了能量，却是一种虚假节省；网络寿命看似得到了延长，却是一种虚假延长。

LEACH 协议的簇头数目变化规律是由其簇头选举算法确定的，因为该过程是由 p 和随机数 rand 确定的随机选择过程。但是，在 EnLEACH 协议中，由于 $-\frac{E_r}{E_o}$ 位于[−1，0]区间，因此 $0<\exp\left[-\frac{E_r}{E_o}\right]\leqslant 1$，这样，可以得到如下结论：

$$0\leqslant \mathrm{Rand}=\mathrm{rand}\times\exp\left[-\frac{E_r}{E_o}\right]\leqslant \mathrm{rand} \tag{3.8}$$

根据式（3.2）的簇头选择方法，各节点产生的 Rand 将比使用 rand 更有机会小于阈值 T，从而当选为簇头。同时，Rand 是 E_r 的递减函数，因此在一个阶段的初期，由于各节点能量更大，没有充当过簇头的节点也更多，因此会有更多的节点当选为簇头。产生的随机数更小与能量更大这两个因素导致在一个阶段的初期选举出来的簇头数目更多，这是 EnLEACH 算法产生图 3.14 这种簇头数目分布的根本原因。

随着轮数的推进，没有充当过簇头的节点快速减少，导致有机会参与簇头竞选的节点大幅减少；同时，那些没有充当过簇头的节点则由于在前面的轮数中收发过数据，致使能量比前面的轮数低一些，这也降低了候选节点成为簇头的概率。综合这两个因素，在一个阶段中，随着轮数推进，簇头数必然呈下降的趋势。随着死亡节点的增多，每一个阶段中出现零簇头的轮数也会越来越多，浪费了节点大量的簇头选举时间。到一个新阶段开始时，由于所有的活跃节点再次成为候选节点，簇头数目重新达到峰值。

簇头数目失衡会导致能量消耗严重不均。以图 3.14 中的 EnLEACH 情况为例，在一个阶段的初期，由于簇头数目过大，将使得那些充当簇头的节点的能量快速消耗。而在一个阶段后期，由于簇头数目太少，甚至没有簇头（零簇头现象），将使得多数节点距离簇头较远，浪费了大多数节点的能量。比较理想的情况是保证簇头数目在一个阶段能够保持基本稳定，即各轮的簇头数目基本相等，并且随着簇头死亡数目的增多不断调整一个阶段的轮数。

3.3.2　簇头数目的自适应调整

没有节点死亡时，一个阶段的轮数为$1/p=20$，随着节点的死亡，参与竞争簇头的节点数目越来越少，如果仍然要求在 20 轮内让所有节点充当一次簇头，各个阶段内将会有大量的零簇头现象，这会导致各个节点将数据直接发送给目标节点，没有利用到簇头数据融合的优势，加剧了节点的能量消耗。存活节点数目越小，一个阶段的轮数应该越小，以便较快地完成一轮。为此，采用式（3.9）对阶段的轮数进行调节，其中 Epoch 代表一个阶段的轮数，N_{alive}为存活节点数量，而N和p_{opt}分别为网络的初始节点数量和成为簇头的概率，ceil 表示向正无穷方向取整，即取大于等于$N_{\text{alive}}/(NP_{\text{opt}})$的最小整数。

$$\text{Epoch}=\text{ceil}(N_{\text{alive}}/(NP_{\text{opt}})) \tag{3.9}$$

从式（3.9）可以看出，在稳定期没有节点死亡，因此有$N_{\text{alive}}=N$，Epoch 刚好等于$1/p_{\text{opt}}$。随着节点的死亡，N_{alive}逐渐减小，Epoch 也随之减小。当$N_{\text{alive}}=0$时，阶段数目为 0，算法不再进行。

图 3.15 是修正阶段轮数后的 LEACH 协议（本书将它简称为 ExEPOCH）与

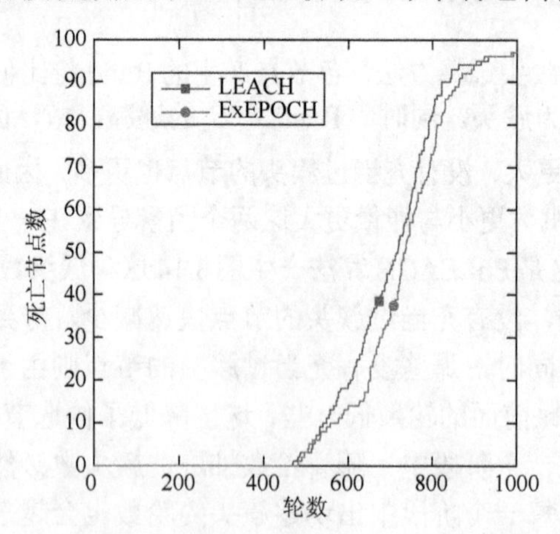

图 3.15　ExEPOCH 与 LEACH 协议的节点死亡情况对比

LEACH 协议的节点死亡情况对比图。从图中可以看出，在稳定阶段，二者基本上是没有差别的，稳定期的细微差别是算法选择簇头时的随机性导致的。而非稳定阶段则迥然不同，ExEPOCH 的节点死亡得比 LEACH 要慢。

也可通过改变式（3.1）中的 p，让它随着死亡节点增加而逐渐增大，例如，只剩下一个节点时，p 至少应该等于 1/2，而 p 的初始值等于 0.05，而死亡节点数目等于 0。根据这两个条件，可以得到[116]

$$p=\left(\frac{1-2p_{\text{opt}}}{2p_{\text{opt}}(1-N)}N_{\text{alive}}+\frac{2p_{\text{opt}}-N}{2p_{\text{opt}}(1-N)}\right)p_{\text{opt}} \tag{3.10}$$

但是，当 N_{alive} 减小时，会导致式（3.1）中的阈值 T 过大，使得成为簇头的数目过多。为此，可以将 T 改为

$$T=T\exp(-p^{\varphi}) \tag{3.11}$$

实验证明当 $\varphi=4$ 时，能够取得较好的效果。不过，这种算法仍然会有较多轮中的簇头数过大。

对于 EnLEACH 协议，簇头数在一个阶段内的各个轮之间分布不均，总体趋势是随着轮数的增大而减小。因此，可以引入一个随阶段内轮数的增加而减小的因子对 Rand 加以调节：

$$\text{Rand}=\text{Rand}\times\exp\left(-\frac{\text{mod}(r,1/p)}{1/p}\right) \tag{3.12}$$

其中，$\text{mod}(r,1/p)$ 为一个阶段的轮数，r 为运行的总轮数，mod 表示取余操作。由前面的分析可知，EnLEACH 各轮之间的簇头分布之所以严重失衡，其原因是引入了一个位于 0～1 的因子 $\exp(-E/E_o)$。如果按照式（3.12）进行判断，势必引入另外一个 0～1 的因子 $\exp\left(-\frac{\text{mod}(r,1/p)}{1/p}\right)$，虽然该因子随着 r 的增加递减，但是并不能显著降低前期的簇头数目。同时，由于后续轮数的候选节点已经很少，能够充当簇头的自然就少，因此不能够显著增加簇头数目。综合上面两个因素，在阶段内无法使各轮的簇头数目达成均衡分布。可见，采用引入因子的办法不能从根本上解决簇头失衡问题。

3.3.3　平衡式簇头选择

当簇头之间采用多跳传输的方式进行数据转发时，簇头节点不但需要接收、融合和转发本簇的数据，而且需要转发来自其他簇的数据。同时，簇之间的距离一般比簇内距离大，因此，簇头转发其他簇信息时需要消耗较多的能量。为此，秦华标等提出了一个负载均衡分簇路由协议 LBCBR[117]，除了簇头之外，额外引入了网关节点。网关节点构成簇与簇之间的主干传输通路，并与目标节点相连，

它们专职传输来自各个簇头的数据。簇头根据自己与网关的距离和各网关的能量大小，确定接入哪一个网关。簇头选举的方式与 LEACH 协议相似，只是阈值 T 不同，它由式（3.13）确定：

$$T(n)=\begin{cases}\dfrac{p}{1-p[r\bmod(1/p)]}\left[\dfrac{E_r}{E_o}+\left(r_d\operatorname{div}\dfrac{1}{p}\right)\left(1-\dfrac{E_r}{E_o}\right)\right], & n\in G\\ 0, & \text{其他}\end{cases}\tag{3.13}$$

其中，r_d 为节点连续没有充当簇头的轮数；div 表示相除。当 r_d 达到 $1/p$ 时，T 将被重置成没有加入剩余能量时的值。

LBCBR 利用了多跳路由的优点，并降低了簇头的开销。但是，它没有描述如何对网关节点所构成的路由进行维护，也没有阐述在分簇完成之后如何唤醒网关节点。另外，如何在网关节点与目标节点构造多跳路由的算法也没有详细描述，只是强调了要以离目标节点距离更近、能量更高的节点作为下一跳，但是，很多时候这两个指标不能同时得到满足。

由前面的分析可知，簇头选择需要满足如下条件：①各轮的簇头分布应具有一定的随机性；②尽量选择剩余能量大的节点充当簇头，避免剩余能量小的节点过快死亡；③簇头在空间中应该尽可能分散，以减小簇内节点与簇头之间的能量开销。

这里在考虑上述原则的基础上，结合前面提出的 ExEPOCH 阶段修正算法，设计了一个平衡式簇头选择与阶段改进路由算法 BCERR（balanced clustering and epoch revised routing），步骤如下：

（1）随机生成满足条件的网络拓扑，并初始化各个参数（可以采用 LEACH 的初始化方法）；

（2）利用式（3.9）设定阶段值，协议运行在一个阶段内部时，阶段值不能改变；

（3）从存活节点中随机选择 $2Np_{\text{opt}}$ 个节点，将其按照能量大小排序，取排序后节点序列的前 Np_{opt} 个节点作为正式簇头；

（4）当存活节点小于设定阈值（设定为 $2Np_{\text{opt}}$）时，不再选择簇头，让存活节点直接将数据发往基站。由于节点数目已经很小，这比采用分簇的方式更节能。

图 3.16 是 BCERR 与 EnLEACH 和 LEACH 协议在排除“虚假轮”影响下的节点死亡情况对比。可以看出，EnLEACH 的真实效率并不高，它的第一个节点死亡发生在第 221 轮，而 LEACH 则在第 428 轮，相差巨大，后续节点的死亡速度基本上相差无几。其主要原因是 EnLEACH 的簇头分布的失衡现象过于严重（图 3.14），有许多轮里出现零簇头，致使节点直接将数据发给基站，能量消耗得很快。即使采用“待机”策略，不发送数据给目标而直接进入下一轮，以便重新选择簇头，也会浪费大量的计算时间，这同样会消耗较多的能量。

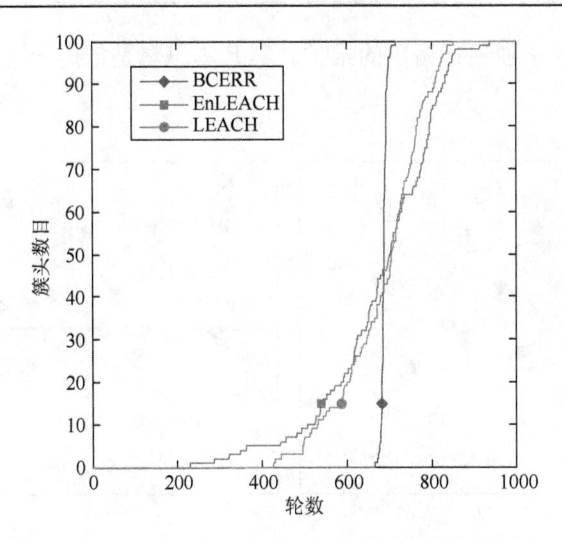

图 3.16　BCERR、EnLEACH 和 LEACH 协议在排除虚假轮影响后的死亡情况对比

相比而言，BCERR 的稳定期要长得多，持续到了第 666 轮，分别是 EnLEACH 的 3 倍，LEACH 的 1.5 倍。另外，从图 3.16 可以看出，BCERR 的节点死亡曲线很陡峭，说明节点在进入不稳定期后死亡得很快，在第 718 轮的时候已经全部死亡了。但是，当节点小于总节点数目的 10%时，整个网络基本上发挥不了较大的作用。因此，BCERR 的性能优势是十分明显的，稳定期寿命得到了极大的提高。

3.3.4　层次型分簇路由算法

LEACH 和 EEUC 假定各个节点的初始能量是相等的，称为能量同构网络，而网络中一部分节点的能量比其他节点高的情形称为能量异构网络[118, 119]。对于能量异构不敏感的协议，如 LEACH，在死亡掉一些节点之后，簇的最优构建就将失败，因为节点的空间密度不再满足均匀随机分布的假设[120-122]。在 LEACH 中，只有在网络的节点数量为常量，即等于最初的 n 的时候，计算出的结果 p_{opt} 才是最优的。

在此，本书提出两种改进方案，目标都是：①簇头尽可能地在网络中均匀分布，如图 3.17 所示，希望得到图（b）的分布方式[123, 124]；②调节阈值的生成方法，让簇头选举不但考虑随机性，同时考虑节点的剩余能量和距离目标节点的距离；③多跳和单跳相结合；④算法尽可能简单。

第一种方案称为层次型分簇路由算法（layered clustering routing algorithm，LCRA），是 LEACH 的一种改进算法。LCRA 算法分为初始化阶段，簇头竞争与簇形成阶段，无需单独进行路由的维护。其基本思想是依据一定尺度将网络分成内外两个部分。

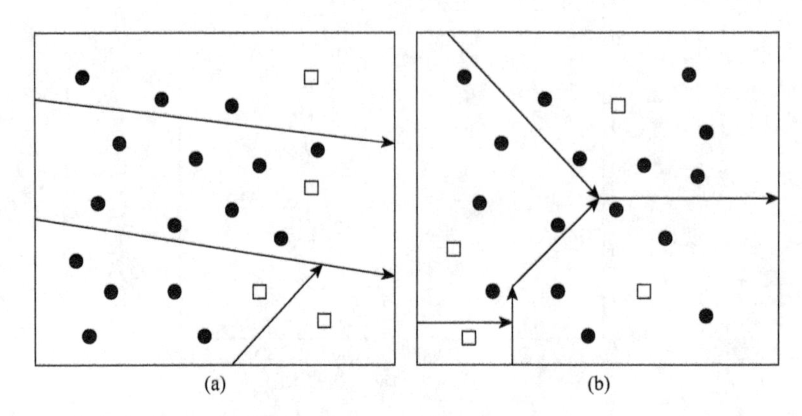

图 3.17　簇头的不同地理分布方式

●普通节点；□ 簇头节点；——→ 簇边界

第二种方案称为基于 Voronoi 图的能量均衡分簇路由协议（energe-balanced clustering routing based on voronoi-graph，EBCRV），这是一种不依赖于 LEACH 的算法。其核心思想是：分簇的时候，根据 Voronoi 图动态划分网络区域[125, 126]，以均衡能量消耗。该协议先以锚点轮盘定位簇头选择区域，接着在锚点 Voronoi 图区域内寻找满足指标的节点充当簇头，最后在簇头 Voronoi 图区域内构建成员节点。一轮运行完毕后，将锚点轮盘旋转一个随机角度，让簇头选举在一个新区域内进行。EBCRV 分簇过程不但考虑了空间位置的随机性，而且照顾到了簇头的分散性。同时，将节点剩余能量纳入簇头选举指标，均衡了簇头和普通节点的能量消耗[127]。EBCRV 协议将在 3.4 节中陈述。

LCRA 的基本思想是依据一定尺度将网络分成内外两个部分，分别称为内环和外环，它们分别采用 LEACH 的方式选举簇头。外环的簇头根据到目标的远近，确定是以内环的簇头为中继节点进行中继传输还是直接传输。也就是说，外环簇头可能是两跳传输，也可能是直接传输。内环簇头采用直接传输。在此算法中，需要有一个控制节点，如固定基础设施无线网络中的基站就可以充当控制节点。算法的具体过程如下。

（1）初始化阶段。

①初始化网络拓扑参数；

②控制节点将整个网络分为内环和外环：如果节点到目标节点的距离小于内外环界定距离，将其归属到内环，否则归属到外环；

③计算各个节点到目标节点的距离，以备后面步骤中使用。

（2）簇头竞争与簇形成阶段。

①内环采用式（3.2）和式（3.13）产生簇头；

②竞争成功的节点向内环中的所有节点广播成功消息；

③没有充当簇头的内环节点（普通节点）根据接收到广播消息的强弱选择簇头加入；

④簇头为自己的成员节点分配时隙；

⑤外环的簇头竞争与簇形成方法与内环完全相同，为了进一步降低空间位置相关性，将外环再分成左右两部分。

（3）路由形成阶段。

①外环簇头节点根据到目标节点的距离大小决定采用直接与目标节点通信，还是通过其他簇头中继通信。如果距离大于等于阈值 TD_MAX，则采用多跳传输，其下一跳必须是距离它较近的内环（不能大于外环簇头到目标的距离）或者能量大的节点，用指标 $E_r+\frac{c}{d}$ 度量，其中 E_r 为候选中继的剩余能量，d 为外环簇头到候选中继的距离。显然，E_r 越大、d 越小，对应的指标值越大，该候选中继成为中继节点的概率越大。

②内环节点全部采用单跳通信的方式。

LCRA 的主要特点是根据网络拓扑特征，对网络进行了结构上的划分。在此，将它与 LEACH 的节点死亡情况进行了对比。同时，还考虑了 LCRA 的另外两种变种：其一是在簇头竞争的时候，阈值采用式（3.1）而不是式（3.13），将其称为 LCRA1；其二是无论簇头距离的远近都采用单跳的方式通信，阈值采用式（3.1），且外环不再细分，将其称为 LCRA2，见图 3.18。

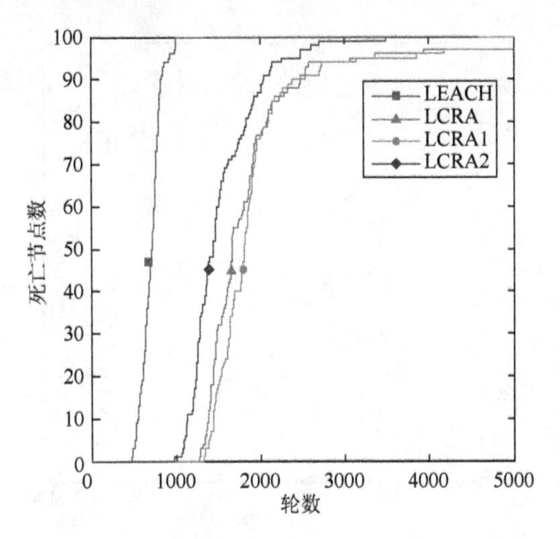

图 3.18　不同参数下的 LCRA 的节点死亡情况

可以看出，LCRA 与 LCRA1 的差别不大，其原因在于算法过程中限制了网络区域的大小，使得阈值改变的优势不能充分体现，从而导致网络稳定期寿命和总寿命差别不大。但是，LCRA2 与 LCRA、LCRA1 差别较大，其第一个节点死亡发生在 996 轮，这是由于它的算法过程中不但采用了原始的阈值方法，没有利用到剩余能量大小的优势；也没有考虑多跳传输，浪费了部分簇头节点的能量；同时，外环没有进一步划分，致使部分簇头节点过分集中，而某些区域又没有簇头覆盖。但是，无论哪一种 LCRA，都比 LEACH 协议的效率高出很多，即使最低效的 LCRA2，其稳定期寿命也比 LEACH 高出了 40%左右。

3.4　基于 Voronoi 图的能量均衡分簇路由算法

LCRA 对网络的层次划分比较简单，对于节点分布比较均匀且有规律的网络比较适合。下面提出的 EBCRV 算法在拓扑区域的划分和簇头选举方面更为灵活。

3.4.1　单层锚点轮盘与簇头选择

假定有一旋转轮盘，其圆心位于 Sink 节点位置，且能以圆心为轴自由转动。从零度角开始，用 K_{opt} 条射线将轮盘和网络均匀分割成 K_{opt} 个区域。如图 3.19 所示，假定轮盘的半径为 R_{ho}，在每条射线的 δR_{ho} 处各取一个点，称为锚点（δ 为常数，$0<\delta<1$），图 3.19 中给出了当 $K_{\text{opt}}=5, \delta=2/3$ 的 5 个锚点。由于这个轮盘是用于辅助选择锚点的，因此将这个轮盘称为锚点轮盘。锚点坐标和网络中的节点坐标没有任何关系，其作用是将网络比较均匀灵活地分成若干个区域。

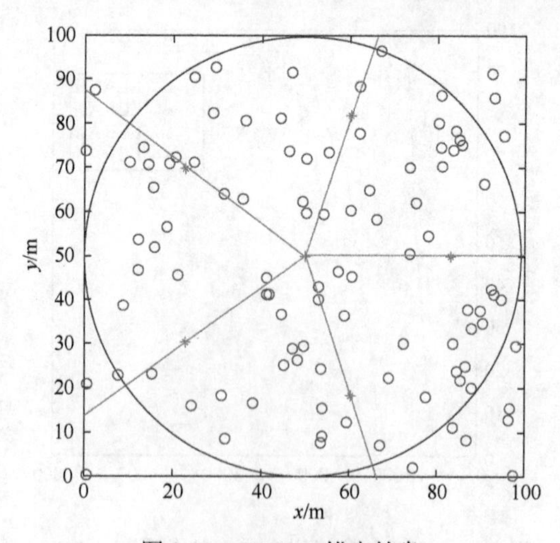

图 3.19　EBCRV 锚点轮盘

接下来根据 K_{opt} 个锚点构造一个锚点 Voronoi 图，每个锚点所在的区域称为一个锚点区域。根据 Voronoi 图的性质，每个锚点区域内的节点都是离该锚点最近的节点。可以采用任何有效的 Voronoi 构造算法，如增量构造法、平面扫描法、分治法等，只要运算效率高即可。不过本书所设计的算法根本无需真正建立 Voronoi 图，取而代之的是如下方法：对于网络内的任意一个节点，计算节点到各锚点的距离，将节点归属于最小距离所在的锚点管辖，最终依然可以得到 K_{opt} 个区域，称为虚拟 Voronoi 锚点区域，见图 3.20。这样做的好处是，不用直接建立 Voronoi 图（其算法复杂度为 $N\lg N$），节省了大量的运算时间；同时，也不用进一步去判断各个节点到底属于哪个 Voronoi 区域。

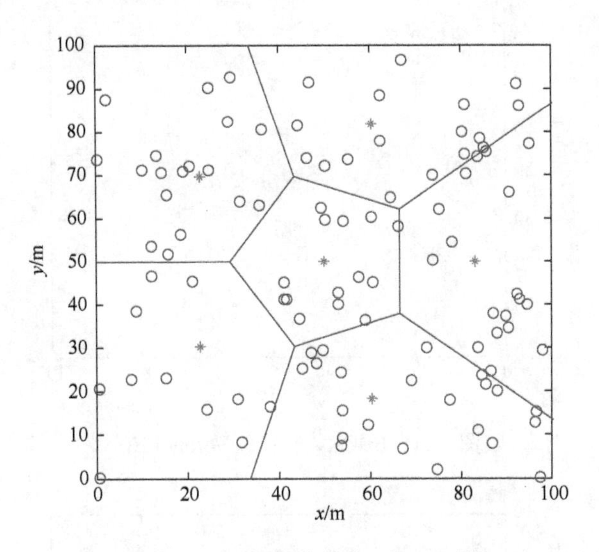

图 3.20　EBCRV 的锚点 Voronoi 图

有了虚拟 Voronoi 锚点区域以后，可以将该区域内的节点按照一定指标排序，这里采用式（3.14）作为指标：

$$\text{guide} = E_r(1+\beta\exp(-d/d_{\max})) \tag{3.14}$$

其中，E_r 为节点剩余能量；d 为节点到目标节点的距离；$d_{\max}$ 为最大距离，这里取为 $\sqrt{2}R_{\text{ho}}$；β 为常量，取为 0.5，用于控制距离在指标中所占的比例。如果节点剩余能量较大，但是远离目标节点，用它充当簇头将消耗该节点大量能量；反之，如果节点距离目标节点较近，但是剩余能量很小，用它作为簇头将导致它的能量被快速耗尽而死亡。而式（3.14）中的 guide 指标将剩余能量和距离因素综合起来考虑，能够在二者之间达到平衡。在每个虚拟 Voronoi 锚点区域中，选择 guide 值最大的点作为簇头节点。

簇头节点成功选择后，普通节点需要加入某一个簇头，以完成成簇的过程。在成簇过程中，采用和构建虚拟锚点 Voronoi 图相同的方式，构建虚拟簇头 Voronoi 图。对于任意一个普通节点，计算它到各个簇头的距离，选择距离最近的簇头作为该节点的簇头。所有普通节点考察完毕以后，即形成一个虚拟簇头 Voronoi 图，每个虚拟簇头区域的节点距离本簇头最近，如图 3.21 所示。

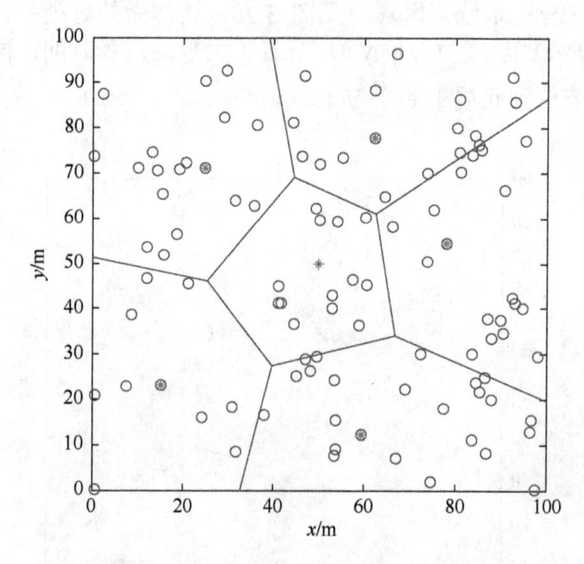

图 3.21 EBCRV 的簇头 Voronoi 图

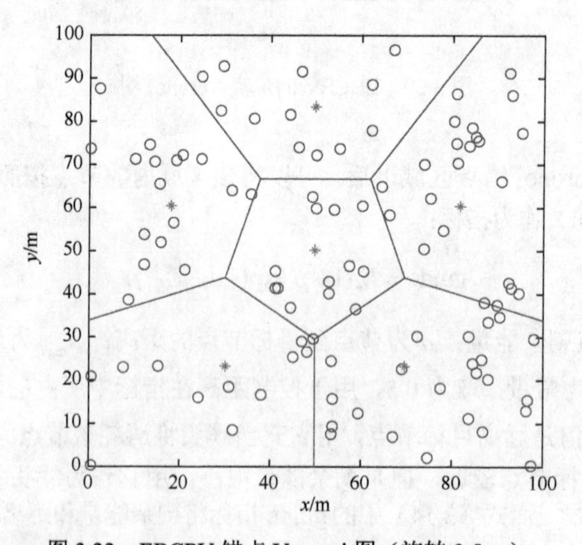

图 3.22 EBCRV 锚点 Voronoi 图（旋转 0.5 π）

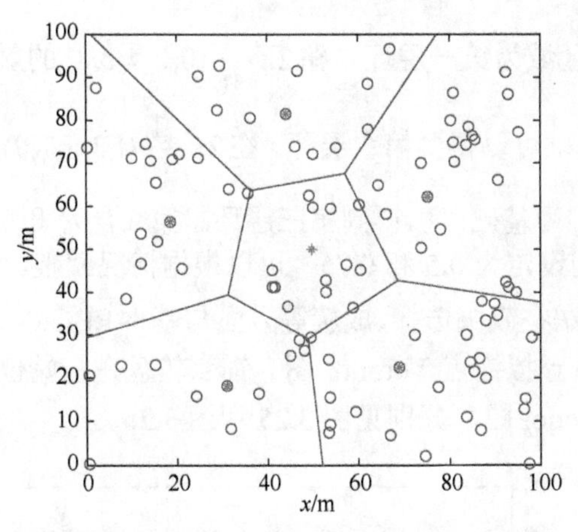

图 3.23　EBCRV 簇头节点构成的 Voronoi 图（旋转 0.5 π ）

一个阶段运行结束后，为了保证区域划分的随机性，需要将锚点轮盘转动一个随机的角度（这里假定旋转 0.5π ），然后按照上述方法依次确定锚点，构造虚拟锚点 Voronoi 图（图 3.22），根据式（3.14）确定簇头，最后构造虚拟簇头 Voronoi 图（图 3.23），完成成簇过程。其过程与上述过程完全相同，不再叙述。

3.4.2　多层锚点轮盘与簇头选择

当网络较大或节点很多时，K_{opt} 值较大。此时，宜将锚点部署成分层环状结构，这样可以让簇头分布得更加均匀，称为多层 EBCRV 算法。与此对照，前面的算法称为单层 EBCRV 算法。在图 3.24 所示的锚点轮盘中，假定 $K_{opt}=10$，以

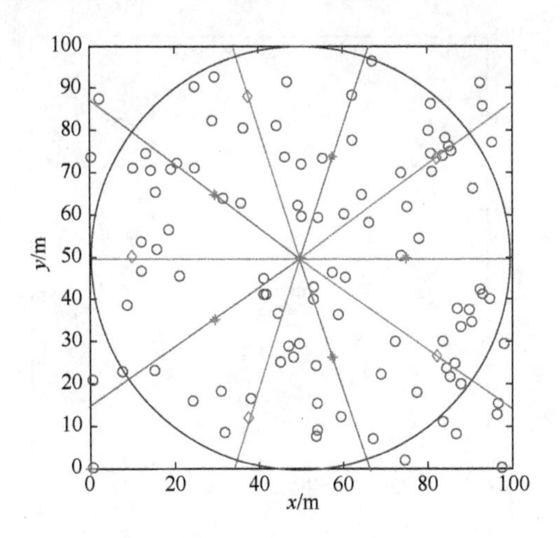

图 3.24　EBCRV 3 层簇头结构锚点轮盘

Sink 节点为圆心的区域为第一层环。在 $2\pi\cdot\frac{1}{10}(0,2,4,6,8)$ 的射线的 c_1R_{ho} 处设定 5 个锚点，以它们为基础可以得到第二层环。在 $2\pi\cdot\frac{1}{10}(1,3,5,7,9)$ 的射线的 c_2R_{ho} 处设定 5 个锚点，以它们为基础可以得到第三层环。第二层环和第三层环锚点的调节系数 c_1 和 c_2 在此分别设定为 0.5 和 0.75，可以根据情况调整。

多层EBCRV算法在簇头选择、成簇等方面与基本EBCRV算法是完全一样的，即首先根据锚点构造虚拟锚点 Voronoi 图。锚点轮盘在初始位置以及旋转 0.5π 后得到的虚拟锚点 Voronoi 图，分别见图 3.25 和图 3.26。

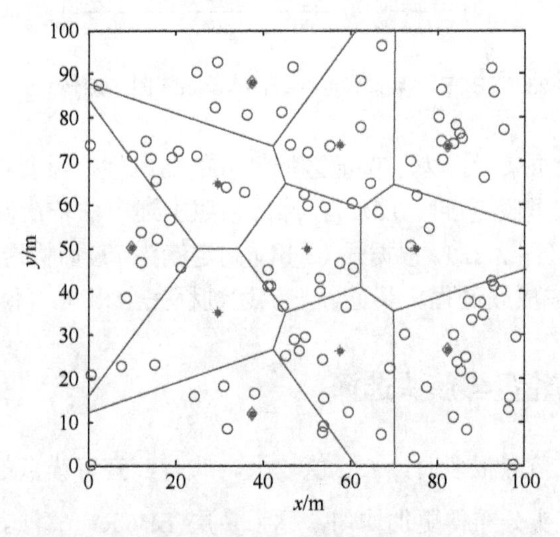

图 3.25　EBCRV 3 层簇头结构的锚点 Voronoi 图

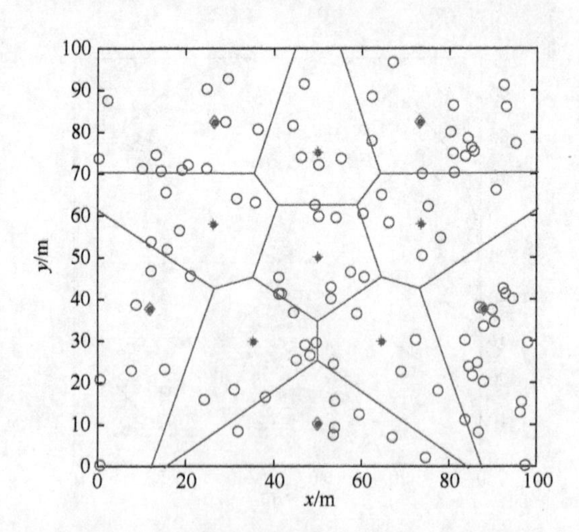

图 3.26　EBCRV 3 层簇头结构的锚点 Voronoi 图（旋转 0.5 π）

在得到锚点 Voronoi 图之后，普通节点根据式（3.14）中的指标确定加入哪个簇，按照 3.4.1 节的方法构造簇头 Voronoi 图，最终根据簇头得到的虚拟簇头 Voronoi 图，见图 3.27 和图 3.28（旋转 0.5π）。

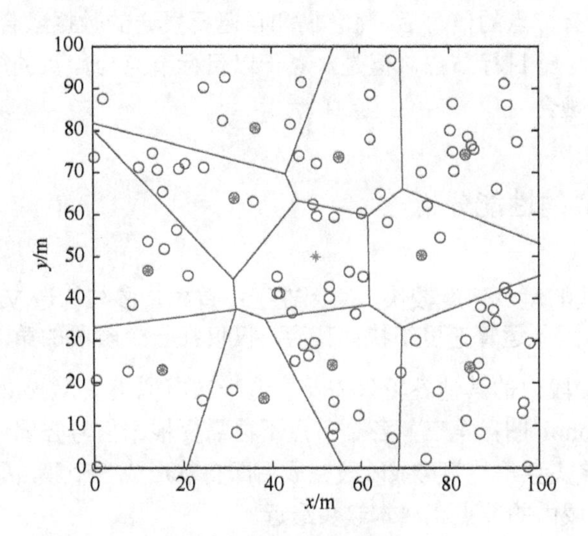

图 3.27　EBCRV 3 层结构簇头节点构成的 Voronoi 图

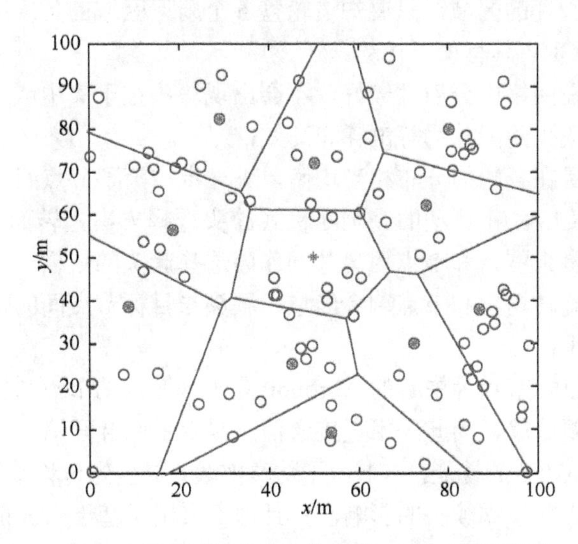

图 3.28　EBCRV 3 层结构簇头节点构成的 Voronoi 图（旋转 0.5π）

需要指出的是，当网络范围进一步扩大、网络节点继续增加时，多层 EBCRV 算法的环数可以继续增加下去，而不需要更改算法过程。为了保证算法的有效性和正确性，当网络中由于节点死亡而导致节点数目小于 K_{opt} 时，不再分簇，剩下的节点将直接与目标节点通信。

成簇过程结束后，簇头为自己的成员节点分配时隙。成员节点在为自己分配的时隙内将数据发送给簇头，这里假设各节点发送的数据包长都为 k 个比特。簇头收到本簇的所有节点的信息后，将它们和自己要发送的数据融合，产生一个 k 个比特的数据包发送给目标节点。但是，对于以目标节点为簇头的簇，其成员节点不需要进行数据融合。

3.4.3　EBCRV 的性能分析

EBCRV 算法的运算速度较快，原因在于：首先，参与构造 Voronoi 图的顶点仅为 $K_{opt}+1$ 个，因此运算速度很快；其次，仅仅在一个阶段的第一轮需要构造两次 Voronoi 图，阶段内的其他各轮只需要构造一次虚拟簇头 Voronoi 图，不需要构造虚拟锚点 Voronoi 图；第三，各个节点不再需要根据信号强弱或者距离远近确定加入哪个簇，簇头竞争与簇形成阶段完成后即自然形成一个簇，因为根据 Voronoi 图的性质，本区域内的节点距离本簇头最近。

锚点轮盘的大小与算法运行效率和结果没有任何关系，用它的目的仅仅是辅助确定各个节点所处的区域，只要知道轮盘各个扇形区域的角度即可，这相当于旋转坐标轴。EBCRV 具有如下优势：

（1）各个簇在网络中分散性较好，不会出现簇头过于集中或者过于稀疏的情形，从而保证了簇头的能量均等消耗和高效；

（2）簇头数目在各轮的分布相当均衡，进一步均衡了节点间的能量消耗；

（3）取消了 LEACH 算法的完全随机式簇头选择方案，转而以 Voronoi 图限定簇间距离，将剩余能量和节点距离共同作为选择簇头的依据，簇头选择的随机性由锚点轮盘的旋转角度和节点剩余能量、簇头与目标节点间的距离共同决定，兼顾了效率与公平；

（4）由于以目标节点为中心的 Voronoi 图子区域内的节点与目标节点的距离非常近，没有必要分簇，因此采用直接通信，减少了融合开销。

为了验证 EBCRV 的性能，本书做了仿真实验，这里先讨论单层 EBCRV 算法的性能。算法中去除了零簇头的影响，并且由于采用了基于 Voronoi 的簇头选择方式，簇头失衡现象也自动得到了解决，结果见图 3.29。

从图 3.29 可以看出，LEACH（去除零簇头影响后）的稳定期寿命为 428 轮，BCERR 和 EBCRV 的稳定期寿命分别为 666 和 693 轮。EBCRV 基本上在任何阶段的寿命都超过了 BCERR，相对于 LEACH，在节点死亡数为 65%～87%时，LEACH 的死亡速度比 EBCRV 的稍慢，但是相当有限。

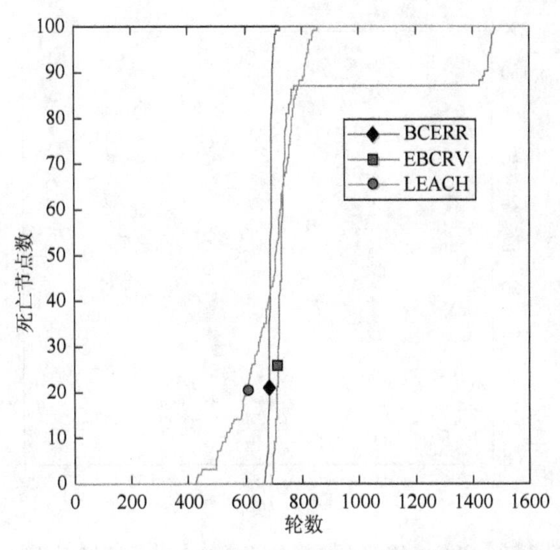

图 3.29　LEACH、BCERR 与 EBCRV 的节点死亡情况对比

另外，EBCRV 在第 772～1427 轮时，死亡节点数一直维持 87 个没有变化，随后快速死亡。这是因为，以 Sink 为中心的各个节点在任何轮中都没有充当簇头，它们的数据直接交付给 Sink。显然，纯普通节点比充当簇头以转发簇内数据的节点要节能很多，因此它们死亡得很慢。过了第 1427 轮后迅速死亡的原因，是因为它们在前面的轮中能量消耗得比较均匀，基本上是同步消耗完节点能量。表 3.1 是不同节点死亡比例的发生轮数统计。

表 3.1　LEACH、BCERR 与 EBCRV 中不同节点死亡比例的发生轮数

死亡节点数	1	20%×节点总数	50%×节点总数	80%×节点总数	100%×节点总数
LEACH	428	601	706	766	853
BCERR	666	683	688	695	718
EBCRV	693	712	728	747	1483

现在考虑多层 EBCRV 协议。由于多层 EBCRV 适用于网络较大的情况，因此本书假定在一个 200m×200m 的区域内随机部署了 200 个节点，如图 3.30 所示。

调整调节系数 c_1 和 c_2 的值，使其分别为如下数值对：(0.5，0.75)、(0.3，0.7)、(0.4，0.8)。同时，簇头采用两跳或者单跳的方式与目标节点通信：如果簇头 x 与其他任何簇头 y 的距离比簇头 x 到目标节点的距离小，则该簇头 x 采用两跳通信，其下一跳为距离其最近的其他簇头节点。三种数值对情况下的节点死亡情况见图 3.31。表 3.2 给出了多层 EBCRV 协议在图 3.30 拓扑情况下的不同 c_1、c_2 取值下的不同比例死亡节点发生轮数。

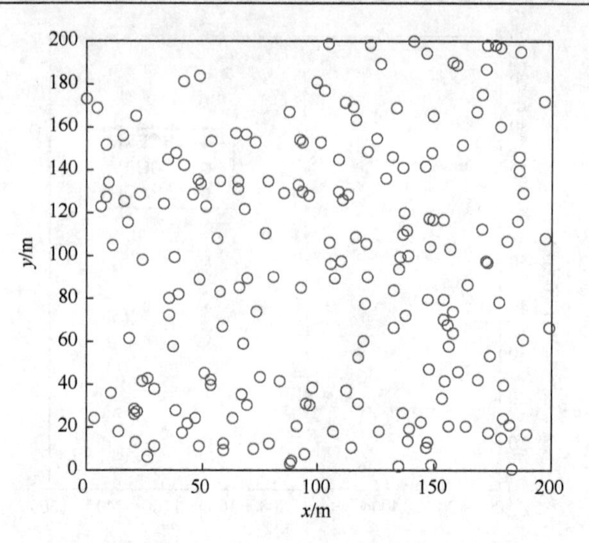

图 3.30　200m×200m 随机分布 200 个节点的网络拓扑

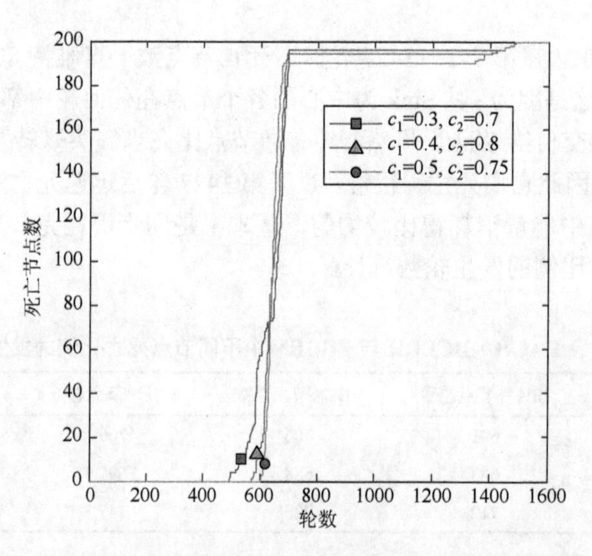

图 3.31　多层 EBCRV 在不同 c_1、c_2 取值对情况下的节点死亡情况对比

表 3.2　多层 EBCRV 中不同 c_1、c_2 取值下的死亡发生轮数

死亡节点数	1	20%×节点总数	50%×节点总数	80%×节点总数	100%×节点总数
c_1=0.5，c_2=0.75	605	628	643	660	1486
c_1=0.3，c_2=0.7	493	586	659	681	1485
c_1=0.4，c_2=0.8	569	619	748	774	1489

可以看出，c_1和c_2的值对算法具有较大的影响，特别是对稳定期寿命影响较大，如 c_1=0.5，c_2=0.75 情况的稳定期寿命比 c_1=0.3，c_2=0.7 高出了 112 轮，接近 1/5。造成这种现象的原因是，不同的c_1和c_2取值决定了簇头的不同分布，而簇头的分布将直接影响网络节点的能量消耗快慢，进而影响网络的寿命。

接下来，对比 EBCRV 与 EEUC 协议的性能优劣。该协议是一个典型的不均衡分簇协议，越靠近目标节点，簇范围越小。同时，为了对比，再次分析了 LEACH 协议在新的拓扑下的运行情况。本书将这两种协议的节点死亡曲线和 EBCRV 的死亡曲线同时绘制在图 3.32 中，以作对比。

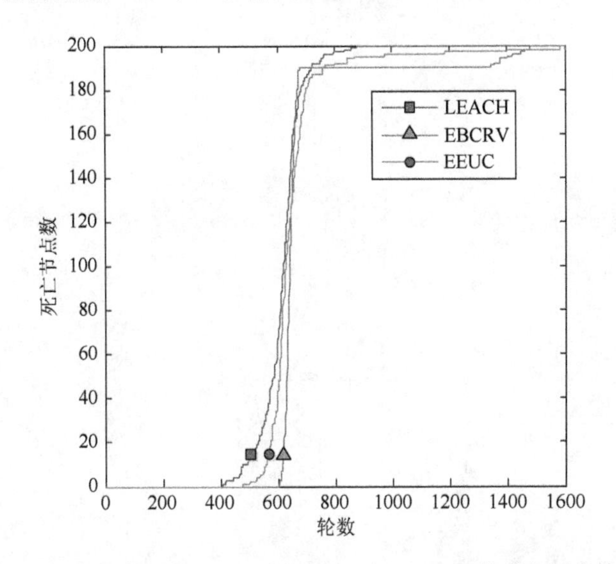

图 3.32　新拓扑下的 LEACH、EEUC 与 EBCRV 的节点死亡情况

从图 3.32 可以看出，LEACH 协议的性能最差，稳定期寿命只有 428 轮；EEUC 次之，稳定期寿命为 476 轮；而多层 EBCRV 协议的稳定期寿命为 605 轮，分别比 LEACH 和 EEUC 提高了 41%和 27%。进入非稳定期以后，EBCRV 的死亡曲线与其他两种协议的死亡曲线相比，陡峭程度差别不大，但是 LEACH、EEUC 与 EBCRV 呈现出依次右移的特征，说明在这三个协议下，网络节点的死亡发生轮数逐次偏右，也就是寿命依次增大。因此，EBCRV 基本上在各个阶段都超越了其他两个协议。

从图 3.32 还可以看出，在节点死亡比例为 60%之前，无论协议运行在哪个阶段，EBCRV 均全面超越了其他协议。表 3.3 给出了 LEACH、EEUC 与多层 EBCRV 协议在图 3.30 拓扑情况下的不同比例死亡节点发生轮数，它也给出了相似的结论。只是在节点死亡比例达到 60%以后，EBCRV 比 EEUC 的死亡得略早一些，但是这时考察网络寿命意义已经不大。

表 3.3　LEACH、EEUC 与 EBCRV 中不同节点死亡比例的发生轮数

死亡节点数	1	20%×节点总数	50%×节点总数	80%×节点总数	100%×节点总数
LEACH	428	601	706	766	853
EEUC	476	619	627	674	1489
EBCRV	605	628	643	660	1486

第4章　协作MIMO传输机制

监测传感网由大量传感器组成，其特点是无中心、自组织、动态拓扑、多跳路由[128]。借助多入多出（multiple input multiple output，MIMO）和协作通信进行协作 MIMO 传输，能够获得发送、接收分集增益及阵列增益[129]，降低链路误码率（bit error rate，BER）[130]，从而提高信噪比（signal noise ratio，SNR）。由于SNR 的提高，相对于单入单出（single input single output，SISO）而言，MIMO 将同样数据发往同样的距离，所需的功耗将明显降低。在同等发射功率的情况下，MIMO 能够比 SISO 发送更远的距离，同样可以降低能耗。鉴于此，本章为监测传感网提出一种分簇协作 MIMO 传输策略（clustered cooperative MIMO transmission scheme for M-WSN，C^2MIMO），该算法无论在簇间距离变化或者不同路径损耗因子的情况，都能得到较好的节能效果。

4.1　MIMO 与协作 MIMO

传统的 SISO 系统可以通过时间实现分集，而 MIMO 系统的收发节点双方拥有多根天线，可以通过不同天线实现空间分集[131, 132]。MIMO 技术不但带来了空间分集，提高了数据传输可靠性，而且可以在空间上实现多路复用[133]，从而提高系统容量和传输速率[134]。

图 4.1 是 SISO 和 MIMO 的原理对比图[135]。在 SISO 系统中，发送端和接收端都只有一根天线，而 MIMO 系统的发送端和接收端都可能是天线阵列。从频域上看，SISO 系统的输出与输入存在如下关系：

$$y(f)=h(f)\cdot x(f) \tag{4.1}$$

其中，$x(f)$ 和 $y(f)$ 分别是 SISO 系统的输入和输出信号，即发送端的发射信号和接收端的接收信号；$h(f)$ 是信道低通等效形式的传递函数。

对于 MIMO 系统，需要的信道传递函数数目为 $M\times N$，其中 M 和 N 别是发送天线和接收天线的数目。式（4.1）可改写为如下矩阵形式：

$$y=H\cdot x \tag{4.2}$$

其中，y、x 分别是输出和输入矢量；H 则为传递矩阵。对于图 4.1 中 2×2 的 MIMO 系统，式（4.2）可具体转化为

$$\begin{bmatrix} y_1 \\ y_2 \end{bmatrix} = \begin{bmatrix} h_{11} & h_{12} \\ h_{21} & h_{22} \end{bmatrix} \begin{bmatrix} x_1 \\ x_2 \end{bmatrix}$$

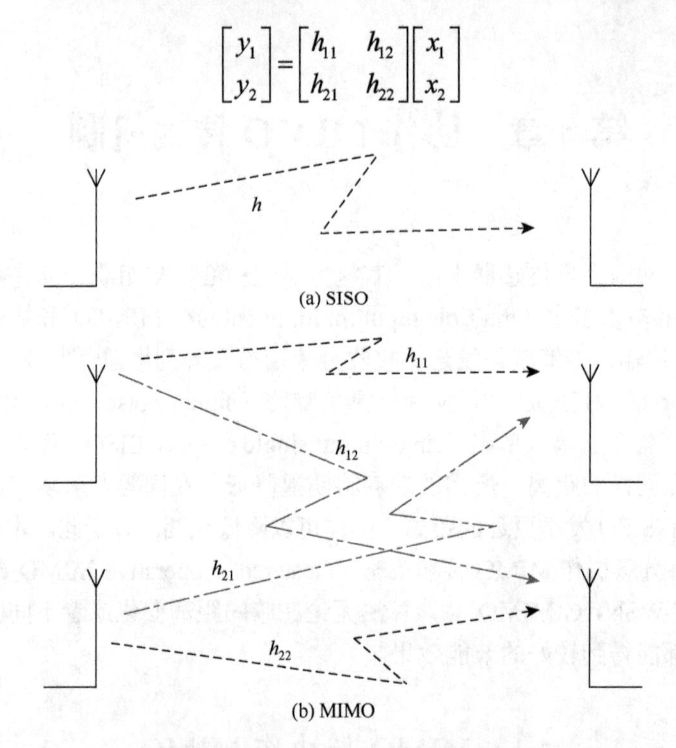

图 4.1　收-发节点天线之间的传播模式

根据香农定理，可知 SISO 系统的容量为

$$C_{\mathrm{SISO}} = \log_2\left(1+\rho|h|^2\right) \quad \mathrm{b/(s \cdot Hz)} \tag{4.3}$$

其中，ρ 为信噪比。与此类似，MIMO 的信道容量可表达为

$$C_{\mathrm{MIMO}} = \log_2\left|I+\frac{\rho}{N}HH^*\right| \quad \mathrm{b/(s \cdot Hz)} \tag{4.4}$$

其中，I 是 $M \times N$ 的单位矩阵；H 为 $M \times N$ 的信道传递矩阵；(*) 表示矩阵的共轭转置。式（4.4）可以改写为

$$C_{\mathrm{MIMO}} = \sum_{i=1}^{m}\log_2\left(1+\frac{\rho}{N}p_i^2\right) \quad \mathrm{b/(s \cdot Hz)} \tag{4.5}$$

其中，$m=\min(M,N)$；p_i^2 为 x_i 与 y_i 信道上传输的功率。显然，MIMO 的系统容量比 SISO 的高得多。

对于只配备了单根天线的传感节点，可以由多个节点协作成簇，簇内节点作为整体充当 MIMO 系统的发送阵列和接收阵列[136]，称为虚拟 MIMO（VMIMO）或协作 MIMO（CMIMO），簇头负责簇与簇之间的信息交换[137]。CMIMO 能够在 SISO、MISO（multiple input single output）、SIMO（single input multiple output）和 MIMO 等四种模式中自动选择，在簇间传输时，能够分别为每个数据包选择不同发送功率。

4.2　分簇协作 MIMO 模型

在 M-WSN 中，一般由多个传感器协同监测某个区域的特定事件。在不同的监测要求下，需要不同数量的传感器参与，形成小、中、大等不同监测尺度的聚焦监测模式。以图 4.2 所示的 M-WSN 为例，在监测区域没有异常事件发生时，所监测参数处于正常范围，称为平静期。此时，网络可以在较大的时间间隔内采集一次数据（如半个小时），其他时间内处于休眠状态，所需能量很小。而一旦有事件发生，就要求事件发生地周围的节点对监测对象进行密集的数据采集和传输（称为聚焦观测期），如由 1、2、3、4 等节点协作观测。如果需要更精确、更大范围的数据，则可由 1～9 号节点协同观测。

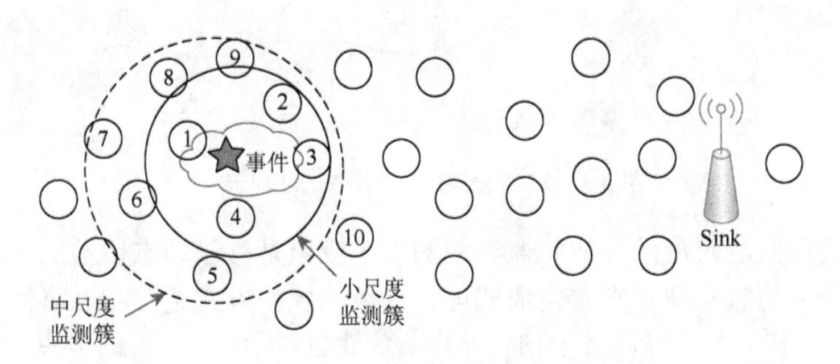

图 4.2　灾害监测传感网示意图

考虑到监测传感器所采集的数据无论在时间还是空间维度都存在大量的冗余信息，因此没有必要让每个传感器都单独将数据传输给 Sink 节点（Sink 节点与监控中心采用无线网络或者专用的有线网络）。为此，可让监测区域的传感器组成监测簇，如图 4.2 所示的虚线区域。根据监测任务的不同，可以调整投入监测的传感器数量、监测周期、数据处理与传输方式，以增强监测效率，提高数据可靠性。

设计 M-WSN 的数据传输策略时，需要考虑到网络的上述特点，将监测节点的数据加以融合后再传输。同时，还需要考虑不同因素之间的权衡问题[138]，如带宽与能耗，此处假定带宽总是可以满足的因素。另外，收发节点之间的距离、节点密度和信道状况（路径损耗因子）均是能耗的重大影响因素[139]，而节点密度又会导致节点之间距离的变化，因此在设计算法和性能仿真时需要对距离和路径损耗因子予以重点考虑。

对于 M-WSN 这种网络的数据传输，Sundaresan 等提出了三种策略[130]，即能够提供空间复用的 MUX、能够降低 BER 的 DIV-BER、能够增加通信距离的

DIV-RANGE，但没有考虑到 M-WSN 的事件驱动特性。杨栋提出了一种虚拟 MIMO 合作接力机制[129]，所有节点按照算法分成簇，通信过程分成区内合作通信、区间接力通信两个部分，但是对如何选择合作节点未作阐述。Siam 等的分布式自适应分簇/路由策略（cooperative MIMO，CMIMO）通过在每一个簇中选择两个簇头（主簇头和从簇头）构成虚拟 MIMO 节点[137]，较好地解决了这个问题，但是依然没有考虑事件驱动的问题。

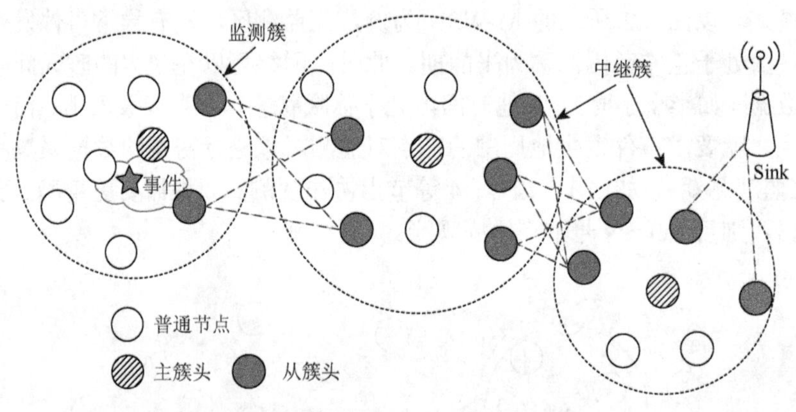

图 4.3　M-WSN 中的协作 MIMO 传输

为了适应监测尺度的变化，监测簇的大小应该是可以动态调整的，只要保证簇内节点能够与簇头节点直接连通即可。具体的操作方式是：在以事件发生地为中心、观测距离 r 为半径的区域内，寻找剩余能量大于阈值 E_{thr} 的节点，它们协同观测监测区域，组成 M-WSN 的监测簇。为了表述方便，分别以 r_s、r_m、r_l 表示小尺度、中尺度和大尺度的观测半径。同时，在监测簇与 Sink 节点之间，可以根据需要构建若干个簇，作为数据转发之用，称为中继簇，如图 4.3 所示，这种传输方式即为 C^2MIMO 传输。

事件发生之后，网络首先以 r_s 构成监测簇，如果得不到满意结果，就由工作人员下发观测半径调整指令，以 r_m 或 r_l 为半径构成监测簇。令簇内节点之间的通信距离为 d_{intra}，簇间的通信距离为 d_{inter}（定义为两个簇中心之间的距离），d_{intra} 和 d_{inter} 与节点的发射功率密切相关。

4.3　数据传输策略

4.3.1　数据传输

为了将监测数据传递到 Sink，从监测簇/中继簇中选取一个节点充当主簇头，若干节点充当从簇头。主簇头的作用是对数据进行 Alamouti 编码和解码，另外监测簇的主簇头还需要具有融合监测数据的能力，主簇头和从簇头一起充当协作节点。监测簇的监测节点采集到数据以后，将数据传输给监测簇的主簇头，主簇头对数据进行融合处理，编码后发送给从簇头。协作节点（主簇头和从簇头）采用协作MIMO的方式将数据发送给中继簇的协作节点，随后由中继簇的主簇头进行数据的合并解码，并继续转发给下一中继簇，直到到达Sink节点为止。因此，在C^2MIMO算法中，簇头的选择是整个算法的核心。

这里使用guide作为簇头选择指标[35]，以guide值最大的节点为主簇头，guide值第二大的节点为第一个从簇头，第n大的为第$n-1$个从簇头。显然，只要节点数目足够，采用该算法可以选择任意多个从簇头。guide值采用式（4.6）计算：

$$\text{guide} = E_r(1+\beta\exp(-d/d_{\max})) \tag{4.6}$$

其中，E_r为节点剩余能量；d为节点间距离；$d_{\max}$为d的最大值；$\beta\in(0,1)$为调节权值。

从监测簇的主簇头出发，寻找一条到达Sink节点的Dijkstra最短路径，令该路径上除监测簇主簇头和Sink节点之外的第i个中继节点为R_{dij}^i。接下来，在以R_{dij}^i为圆心、d_{intra}为半径的虚拟圆内寻找剩余能量大于死亡能量阈值E_{thr}的节点，这些节点构成中继簇。随后，利用前述方法在中继簇内选择主簇头和从簇头。注意，本算法中的中继节点R_{dij}^i只用于构造中继簇的锚节点，它不一定充当簇头。

用于发送数据的簇头称为协作发送节点，用于接收数据的簇头称为协作接收节点，分别用Node_{ct}和Node_{cr}表示，它们的数目分别为N_t和N_r。显然，在M-WSN的数据传输中，除了最后一跳是$N_t\times 1$的MISO方式之外，其余各跳均是$N_t\times N_r$的MIMO传输方式。为了描述方便，将MISO、SIMO、SISO也称为MIMO传输方式，它们可以看成MIMO的特例，只是输入和输出部分的协作天线数量不同。

现将C^2MIMO的算法步骤总结如下：

（1）观测区域有感兴趣的事件发生，小尺度监测簇内的节点被触发而进入聚焦观测期，利用guide指标在监测簇中选择主簇头和从簇头；

（2）利用Dijkstra算法求解从监测簇的主簇头到Sink节点之间的最短路径，记为P_s；

（3）从构成P_s的节点中选择中继节点R_{dij}^i，以R_{dij}^i为中心、d_{intra}为半径构造中继簇，并根据guide指标选择主簇头和从簇头；

（4）监测区域内的观测节点将采集的数据传输给主簇头，主簇头对数据进行融合处理后发送给Node_{ct}；

（5）Node_{ct}将数据协作发送给Node_{cr}，由Node_{cr}发送给中继簇的主簇头，处理后交给中继簇的Node_{ct}。重复这一过程，直到数据到达Sink节点。

用户可以通过Sink节点，以数据传输的反向路径发送观测尺度调整命令。同时，还可以用相似的方式调整观测节点的数据采集频率。如果簇（监测簇、中继簇）的簇内节点数量只有 1 个，就不再选择簇头，直接以该节点进行数据传输。

以下情况将会导致算法停止：

（1）监测簇内节点全部死亡，使得监测区域没有节点能够进行事件观测；

（2）中继节点死亡过多，使得算法无法寻找一条到达 Sink 节点的 Dijkstra 路径。

4.3.2 能耗分析

下面分析 C^2MIMO 算法的能耗情况。节点的能耗分成电路部分和传输部分[140]，其中电路部分又分为模拟电路部分和数字电路部分，1bit 数据的能耗为

$$E_b = \zeta \sum_{i=1}^{N_r} \sum_{j=1}^{N_j} d_{ij}^k + \frac{P_c}{bB} \tag{4.7}$$

其中，d_{ij}^k 表示节点 i 与节点 j 之间的距离，k 为路径损耗因子；b 为星座大小，取为 2；B 为带宽，可以用 $B \approx 1/T_s$ 计算，T_s 为相干时间；P_c 为电路部分的能耗，用式（4.8）计算：

$$P_c = N_t(P_{\text{DAC}} + P_{\text{mix}} + P_{\text{filt}}) + 2P_{\text{syn}} + N_r(P_{\text{LNA}} + P_{\text{mix}} + P_{\text{IFA}} + P_{\text{filr}} + P_{\text{ADC}}) \tag{4.8}$$

其中，P_{ADC}、P_{DAC} 分别为模数转换电路与数模转换电路的能耗；P_{LNA}、P_{IFA} 分别为低噪滤波器和中频放大器的能耗；P_{mix}、P_{syn} 分别为混频器和频率合成器的能耗；P_{filt}、P_{filr} 分别表示发送节点、接收节点的滤波器能耗。

式（4.7）中的 ζ 为常量，用式（4.9）计算：

$$\zeta = \frac{2}{3}(1+\alpha)\left(\frac{P_b}{4}\right)^{-\frac{1}{N_t N_r}} \frac{2^b - 1}{b^{\frac{1}{N_t N_r}+1}} \times \frac{(4\pi)^2}{G_t G_r \lambda^2} N_0 M_l N_f \tag{4.9}$$

其中，G_t、G_r 分别是发送天线和接收天线的增益；λ 为载波的波长；M_l 是补偿常数；N_f 为接收端的噪声图，定义为 $N_f = \dfrac{N_r}{N_0}$，其中 N_0 是室温条件下的单边热噪声功率谱密度，N_r 为接收端的总有效噪声；$\alpha = \dfrac{\xi}{\eta} - 1$，$\eta$ 为 RF 功率放大器的效率；ξ 为峰均比（PAR），与星座大小有关，对于多电平正交幅度调制（multi-level quadrature amplitude modulation，MQAM）[141]，有

$$\xi = \frac{L(L-1)^2}{2\sum_{i=1}^{L/2}(2i-1)^2} \tag{4.10}$$

其中，$L = 2^{b/2}$。

由 C^2MIMO 的算法步骤可知，其能耗包括如下五种：①监测节点将数据发送

给监测簇主簇头的能耗 E_{mh}；②监测簇主簇头的数据融合能耗 E_{da}；③主簇头将数据发送给 $Node_{ct}$ 的能耗 E_{ht}；④ $Node_{ct}$ 将数据协作发送给 $Node_{cr}$ 的能耗 E_{lt}；⑤ $Node_{cr}$ 将数据发送给簇头的能耗 E_{rh}。

假定共有 N_{mo} 个监测节点，每个节点有 N_d bit 数据发送，它们被分成大小为 N_s 的帧，因此一个节点有 $\lceil N_d / N_s \rceil$ 个帧。相对于传输而言，融合等处理部分的能耗可以忽略不计，因此这里只考虑 E_{mh}、E_{ht}、E_{lt} 和 E_{rh}。这四种能耗可以分别等同于簇内的 $N_{mo}\times 1$ 的 MISO、$1\times N_t$ 的 SIMO、$N_t\times N_r$ 的 MIMO 和 $N_r\times 1$ 的 MISO。前面已经指出，它们都可以看做 MIMO，因此，其能耗都均可利用式（4.7）计算。

于是，可以得到监测数据传输到 Sink 节点所需的总能耗为

$$E_{tot}=\left(E_{mh}+\sum_{i=1}^{H}E_{ht}^{i}+\sum_{i=1}^{H}E_{lt}^{i}+\sum_{i=2}^{H-1}E_{rh}^{i}\right)\left\lceil\frac{N_d}{N_s}\right\rceil \tag{4.11}$$

其中，H 为数据传输所经历的簇间传输跳数，它受簇间通信距离 d_{inter} 和网络拓扑的影响；E_{ht}^{i}、E_{lt}^{i}、E_{rh}^{i} 分别表示第 i 跳的 E_{ht}、E_{lt}、E_{rh}。对于 E_{rh}^{i}，由于只有中继簇需要 $Node_{cr}$ 到簇头这一过程，因此 $i\in[2,H-1]$。

4.4　仿真实验与结果分析

4.4.1　参数设置

在 100m×100m 的矩形区域内随机部署 100 个节点，事件发生地位于 $(x,y)=(20,20)$ 处（x、y 分别表示横坐标和纵坐标），Sink 节点位于 $(x,y)=(90,90)$ 处。网络的拓扑结构如图 4.4 所示，所需的参数设置见表 4.1[137, 140, 141]。后面章节只仿真单比特能耗，多比特的情况只需要乘以数据大小即可。

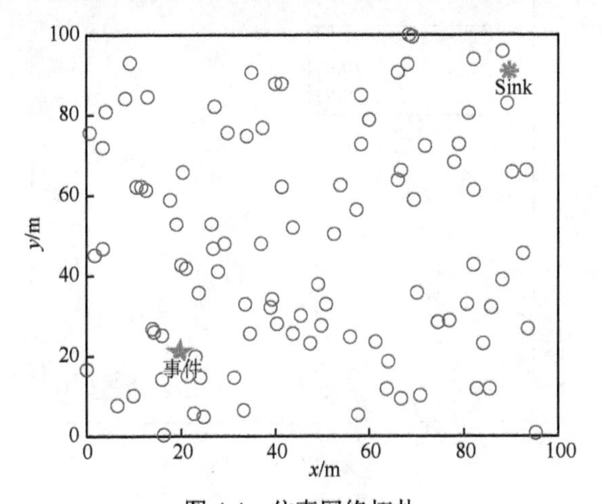

图 4.4　仿真网络拓扑

表 4.1　仿真参数设置

参数	数值	参数	数值
G_tG_r	5dBi	M_l	40dB
λ	0.12m	N_0	–171dBm/Hz
P_{DAC}	15mW	N_f	10dB
P_{ADC}	15mW	P_{mix}	30.3mW
P_{LNA}	20mW	P_{filt}	2.5mW
P_{IFA}	2mW	P_{filr}	2.5mW
B	10kHz	P_{syn}	50mW
P_b	1×10^{-3}	β	0.5
η	0.35	b	2

4.4.2　结果分析

由式（4.7）和式（4.11）可知，簇间距离会影响到相邻跳之间的距离，进而影响与 Sink 节点之间的中继跳数，因此会对传输能耗产生重大影响。图 4.5 就是在最大簇间距离不同的情况下，事件监测节点将数据发送到 Sink 节点所消耗的总能量。从图中可以看出，SISO 的能耗总趋势是随着簇间距离的增加而增长的，说明 SISO 情况下的单跳传输距离不能太长；而 MIMO 则由于有多个节点协作，大大降低了长距离传输的能耗，其总趋势与 SISO 的情况刚刚相反，能够较好地适应长距离中继。

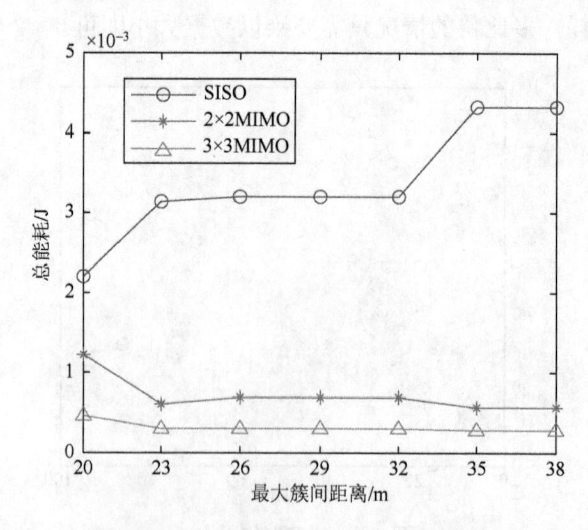

图 4.5　不同最大簇间距离下 SISO 和 MIMO 的能耗对比

从图 4.5 还可以看出，MIMO 相对于 SISO 而言有巨大的能量节省，而 3×3 的 MIMO 比 2×2 的 MIMO 能量节省得更多。为了说明能量节省的情况，将 SISO 和 MIMO 情况下的总能耗分别记为 E_{SS} 和 E_{MM}，并定义能耗比为

$$E_{M2S} = E_{MM}/E_{SS} \tag{4.12}$$

显然，能耗比 E_{M2S} 越小能量节省得越多。图 4.6 即为利用图 4.5 的数据绘制的能耗比柱状图。从图中可以清晰地看出，MIMO 相对于 SISO 的能量节省情况，即簇间距离越大，能量节省越多；3×3 的 MIMO 比 2×2 的 MIMO 能量节省得更多。

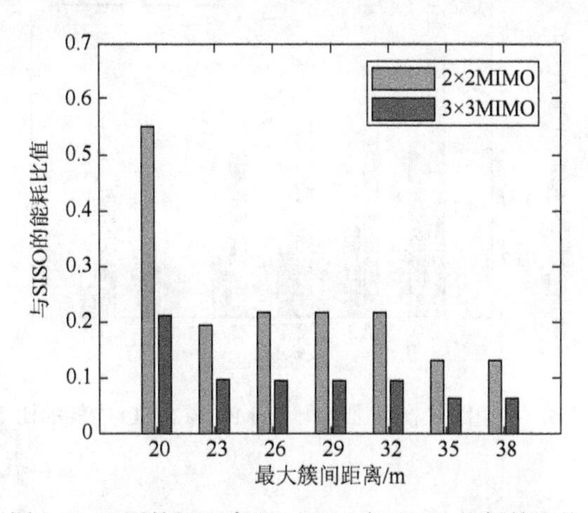

图 4.6　不同簇间距离下 MIMO 与 SISO 能耗的比值

从式（4.7）还可以看出，无线链路的损耗因子 k 会对传输部分的能耗产生重要影响。为了限制参与成簇的节点数量，这里将簇半径设定为 15，其结果见图 4.7。从图中可以看出，对于 SISO，能耗近乎指数增长，这正是无线数据传输的经典结

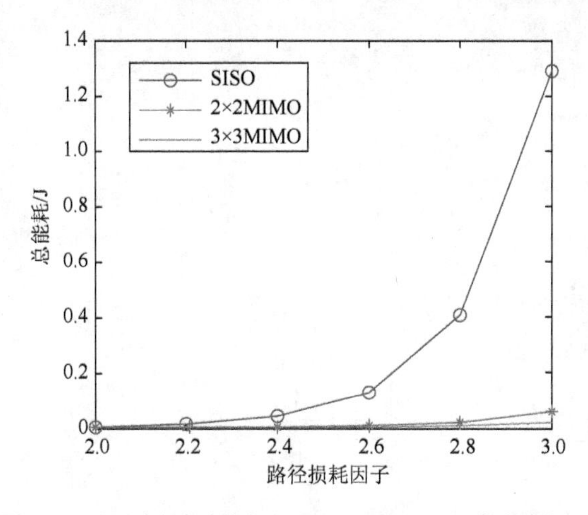

图 4.7　不同路径损耗因子下 SISO 和 MIMO 的能耗对比

论。但是对于 MIMO，能耗增长则缓慢得多，这得益于 MIMO 带来的信噪比的提高。图 4.8 是在 k 不同的情况下，MIMO 相对于 SISO 的能耗比。从图中可以得到相似的结论。因此，无线信道状况不好的情况下（k 增大），应优先选用 MIMO 传输方法。

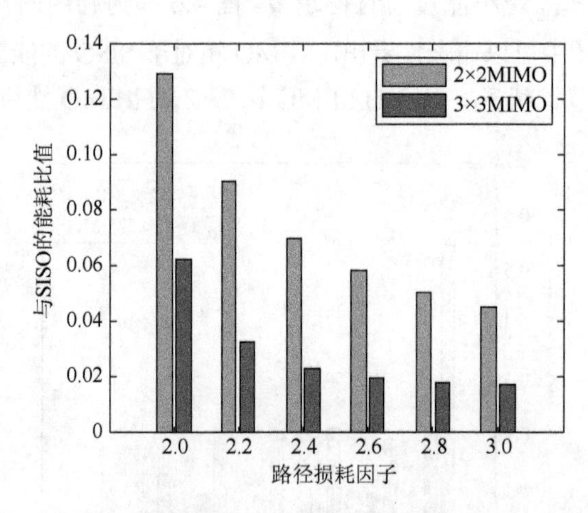

图 4.8　不同路径损耗因子下 MIMO 与 SISO 能耗的比值

第5章　动态虚拟簇传输机制

由第3章的分析可知，分簇路由中的簇头承担了更多数据转发任务和数据融合任务，因此能量消耗比普通节点大得多。为了避免簇头能量快速耗尽（低于阈值）而死亡，要求各个节点轮流充当簇头的角色，以实现节点间的能耗均衡。由于智能天线可以自适应地将波束对准目标节点[142]，并能按需调整波束宽度[48, 143]，因此将同样长度的数据发送到同样距离，所需的发射功率要小得多。如果能充分利用智能天线和分簇方法的优势，将能实现物理层和网络层的跨层优化，获得较高的能量增益。为此，本章综合利用智能天线波束宽度自适应调整、分簇和功率调整的优势，提出一种基于智能天线和动态虚拟簇的均衡节能路由算法（routing based on smart antenna and dynamic virtual cluster，SaDVC-Routing）[42]，以期达到能量节省和能耗均衡的目的。

5.1　功率和能耗模型

5.1.1　发送功率模型

假定 WSN 分布在二维空间，其节点坐标信息已知。每个节点都配备有一根智能天线，其波束宽度θ和波束方向可以自由调整。波束宽度不同的情况下，节点的发射距离是不一样的。其规律是：在保持发送功率不变的前提下，波束宽度越大，发射距离越小；或者说，如果保持通信距离不变，波束越宽，所需的发送功率越大。因此，为了适应波束宽度的变化，节点在发送数据之前必须确定发送功率，在此使用自由空间路径损耗模型加以推导。在使用全向天线收发时，有[135]

$$P_r = \left(\frac{\lambda}{4\pi d}\right)^{\alpha} P_t \tag{5.1}$$

其中，P_r为接收功率；P_t为发送功率；λ为传输信号的波长；α为衰减指数，取$\alpha = 2$。

对于智能天线，有

$$P_r = \left(\frac{\lambda}{4\pi d}\right)^{2} P_t g_m \tag{5.2}$$

其中，g_m 为智能天线相对于全向天线的增益[144]。对于一个波束宽度为 θ 的智能天线，其表面积 A 可以用球冠表面积计算，为 $2\pi r^2(1-\cos(\theta/2))$。于是

$$g_m=\frac{P_t/A}{P_t/S}=\frac{4\pi r^2}{2\pi r^2(1-\cos(\theta/2))}=\frac{2}{1-\cos(\theta/2)},\quad \theta\neq 0 \tag{5.3}$$

显然，$g_m\in[1,+\infty)$。θ 值越小，g_m 越大。当 $\theta=2\pi$ 时，$g_m=1$，智能天线退化为全向天线模式。当 $\theta=0$ 时，信号无法发送，g_m 没有意义。

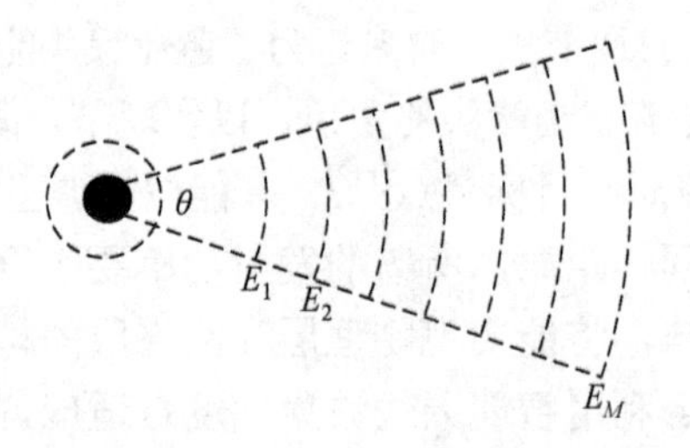

图 5.1　智能天线的波束及其功率等级

接收节点收到信号后，只有 P_r 大于解码阈值 P_o 才能对其正确接收和解码。这就要求发送功率 P_t 满足如下条件：

$$\begin{aligned}P_t &\geqslant P_o\left(\frac{4\pi d}{\lambda}\right)^2\Big/g_m=P_o\left(\frac{4\pi d}{\lambda}\right)^2\frac{1-\cos(\theta/2)}{2}\\&=\frac{8P_o\pi^2}{\lambda^2}d^2(1-\cos(\theta/2))\end{aligned} \tag{5.4}$$

从式（5.1）可以看出，为了提高 P_r，可以减小收发节点之间的距离 d，也可以提高发送节点的发送功率 P_t。显然，节点布置好以后，不能因为接收某个节点信号的功率弱而移动，即 d 无法改变，因此一般通过提高 P_t 来实现。为此，此处假设节点的发送功率可以自由调整。但是从实际的角度考虑，发送功率一般不能连续改变，因此将发送功率等间隔地分成 M 个等级[13]，等级间隔为 ΔP，如图 5.1 所示[145]（其中，虚线圆表示旁瓣，扇形代表主瓣，此处不考虑旁瓣的影响）。在确定实际发送功率时，取

$$P_t=\left\lceil\frac{8P_o\pi^2}{\lambda^2}d^2(1-\cos(\theta/2))\right\rceil=P_i,\quad i=1,2,\cdots,M \tag{5.5}$$

其中，P_i 表示发送节点的第 i 个功率等级；$\lceil x\rceil$ 表示大于等于 x 的最小整数。

5.1.2　能量消耗模型

下面推导能量消耗模型（简称能耗模型）。与第 2 章类似，假设发送和接收 1bit

数据的电路能耗均为 E_{elec}，天线放大 1bit 数据的能耗为 E_{fs}，发送能耗为 E_{Tx}，接收能耗为 E_{Rx}。为了区别，这里分别用 d_o 和 d_s 表示全向天线与智能天线在功率 P_i 下的发射距离，那么智能天线发送一个长度为 k bit 的数据包的能耗为[35]

$$\begin{aligned} E &= E_{\text{Tx}}(k,d_s) + E_{\text{Rx}}(k)=(kE_{\text{elec}} + kE_{\text{fs}}d_s^2) + kE_{\text{elec}} \\ &=2kE_{\text{elec}} + kE_{\text{fs}}d_s^2 \end{aligned} \tag{5.6}$$

在此 d_s 直接使用节点间的物理距离。式（5.6）中，对于给定种类的节点，其 E_{elec} 和 E_{fs} 是固定不变的，因此，发送一个数据包的能耗 E 只与收发节点之间的距离有关。在同样的发射功率下，根据式（5.1）和式（5.2）可以推出

$$d_s^2 = g_m d_o^2 \tag{5.7}$$

因此，如果采用全向天线将同样的 k bit 数据发送到相同节点，它所需要的能耗为

$$E = 2kE_{\text{elec}} + kE_{\text{fs}}d_s^2 g_m = 2kE_{\text{elec}} + \frac{2kE_{\text{fs}}d_s^2}{1-\cos(\theta/2)} \tag{5.8}$$

5.2　虚拟簇的动态构建与更新

SaDVC-Routing 的基本思想是综合运用智能天线波束宽度自适应调整、功率控制和分簇技术，为收、发节点对选取合适的中继节点，使得数据传输所需的能耗尽可能小，节点间的能耗均衡。算法的关键是构建以辅助中继为圆心、簇头边界与智能天线波束边界相切的簇。这种簇只是用于辅助确定数据传输所需的中继节点，其簇头并不承担一般意义下的簇头职责（如数据汇聚和中转），是一种虚拟簇。这种虚拟簇会随着数据的发送和网络节点能量的消耗而动态更新或重建，因此称为动态虚拟簇。本节在 5.1 节的功率模型和能耗基础上，介绍动态虚拟簇的构建和更新方法。

5.2.1　虚拟簇的构建方法

算法运行之初，先利用现有的简单路由算法（如 AODV、Floyd，这里采用 Dijkstra 算法）寻找从源节点 s 到目标节点 d 的路由作为辅助路由，路径上的中间节点称为辅助中继，用 R_i 表示。如果找不到辅助路由，算法放弃数据发送，直接退出。

随后，以R_i为圆心，$\text{Dis}_i \times \sin(\theta/2)$为半径画圆，它构成虚拟簇的边界。簇边界所覆盖的节点（簇内节点）组成一个簇，记为C，如图5.2所示，其中Dis_i为本跳节点与R_i之间的距离。由于辅助中继也是网络中的普通节点，拥有数据收发能力，因此它也有可能成为中继节点。为了区别，后面将除辅助中继外的簇内节点称为成员节点。

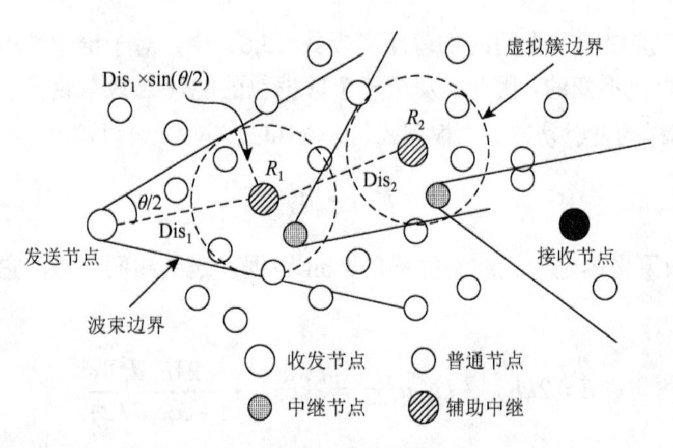

图5.2 虚拟簇的构建

令智能天线的最大波束宽度为$\theta_{\max}$。如果C内没有任何节点（称为“簇内真空”）且$\theta < \theta_{\max}$，就将波束宽度值更新为$\theta = \theta + \Delta\theta$（$\Delta\theta$表示智能天线的波束宽度变化增量），然后以$R_i$为圆心、$\text{Dis}_i \times \sin(\theta/2)$为半径重新构建虚拟簇，即簇中心位置不变，但是虚拟簇的覆盖范围更广，从而令原来处于覆盖范围外的节点有机会成为簇内节点，这种方法称为波束扩展法。

注意，确定好下一跳后，如果要发送数据给该中继节点，必须根据式（5.5）确定发送功率，公式中所需的距离可以根据节点的坐标直接计算得出，不过更快速的方法是查询矩阵索引。为此，假定每个节点维护有一个“距离矩阵”D_m和一个“死亡节点向量”V_{dead}。“距离矩阵”的作用体现在两方面：一是在发送数据时辅助确定发送功率等级；二是与死亡节点向量一起更新网络拓扑。令网络的初始节点数量为N，那么“距离矩阵”的初始大小为$N \times N$，其元素$d_{i,j}$为节点i和j之间的欧氏距离。

为了避免始终选择某个簇内节点，在寻找中继节点时，最好将距离和剩余能量这两个因素结合起来考虑，这里采用如下指标作为中继加权值[35]：

$$W = E_r(1 + \beta \exp(-d/d_{\max})) \tag{5.9}$$

其中，E_r表示簇内节点的剩余能量；d为簇内节点与辅助中继的距离；$d_{\max}$为d的最大值，$\exp(-d/d_{max})$表达了距离因素所占的比重；β为权重调节因子，用于调节节点剩余能量与节点距离在中继加权值中的比重。选择中继时，将以中继加权值最大的节点作为下一跳，实现局部（虚拟簇）能耗均衡。

在选择中继时，是由本跳节点在下一虚拟簇的簇内节点中选择的，因此它必须知道下一虚拟簇的簇内节点。为此，要求虚拟簇构建完毕以后，由辅助中继将该簇的簇内节点 ID 号存储在一个$m\times 2$的“簇身份矩阵”C_{id}中，它的每一行表示一个节点的[簇 ID, 节点 ID]，共有 m 个簇内节点。随后，将“簇身份矩阵”传递给上一辅助中继，由它将来自下一跳的“簇身份矩阵”广播给其自身的簇内节点。这样，虚拟簇的所有簇内节点都知道了下一虚拟簇的簇内节点组成情况。因此，无论本簇的哪个簇内节点当选为中继，都有能力在下一虚拟簇中寻找中继节点。

显然，当辅助中继为目标节点时，不需要构建虚拟簇。

5.2.2　虚拟簇的动态更新

5.2.1 节中的“簇内真空”可能是由如下原因导致的：①随着数据转发的进行，簇内所有节点的剩余能量都低于阈值而死亡；②物理损毁。无论哪种原因，只要出现“簇内真空”，都意味着所在簇的节点全部死亡，在该区域形成网络空洞和监测盲区。

为此，要求中继节点每发送一个数据包后就检查自己的剩余能量，如果低于阈值，就利用自己的仅有能量将节点死亡消息沿着数据传递的反向路径报告给源节点（节点死亡报告）。否则，继续判断波束宽度是否超过阈值，如果没有超过，就采用波束扩展法重建虚拟簇；如果超过，要求源节点重新发起一次 Dijkstra 路由请求，以便重新寻找一条辅助路由和一系列辅助中继，用新的辅助中继为圆心构建虚拟簇，称为源头更新法。无论何时，只要源节点收到节点死亡报告，就需要使用源头更新法重建虚拟簇。

源节点收到节点死亡报告（假定死亡节点的$\mathrm{ID}=x$）后，将自己的“距离矩阵”中的元素$(x,:)$和$(:,x)$删除，其中$(x,:)$表示第x行的所有元素，$(:,x)$表示第x列的所有元素。同时，源节点还需要将死亡节点 ID 记录到“死亡节点向量”中，并在新的 Dijkstra 路由请求中包含“死亡节点向量”的内容，以便其他节点知晓网络的最新拓扑结构。其他节点收到该请求后，按照相似的方法更新自身的“距离矩阵”和“死亡节点向量”。

从上述的分析过程可以看出，波束扩展法是在原位置通过增大覆盖范围的方式实现的，它实现了局部节点能耗均衡，但是无法跳出局部搜索的陷阱。而源头更新法则在新找到的辅助中继位置周围构建虚拟簇，跳出了原搜索区域，克服了局部搜索的缺陷。不过，在源头更新法中，Dijkstra 算法只根据距离最短的原则搜索辅助中继，如果节点坐标不变且没有节点死亡，新的请求所得到的辅助路由与上一次必然相同，仍然跳不出局部陷阱，还是会导致该区域的节点过早死亡。为此，在源头更新法中用节点剩余能量去调节距离矩阵，使得剩余能量越小的节点，其加权距离越大，被 Dijkstra 算法选择为辅助中继的可能性越小。“加权距离矩阵”中的元素为

$$d(w)_{i,j} = d_{i,j}\exp(E_r/E_o - 1) \tag{5.10}$$

其中，$d(w)_{i,j}$ 表示节点 i（路由请求发起节点或者中继节点）和节点 j（收到路由请求的节点）之间的加权距离；E_r 为节点 j 的剩余能量；E_o 为其初始能量。从式（5.10）可以看出，E_r 越小，$d(w)_{i,j}$ 越大，被 Dijkstra 算法选择为辅助中继的概率越小。

有了这样的更新过程之后，在簇内没有节点死亡的情况下，一个簇在随后的 M 次数据发送过程中只需要扩大虚拟簇范围，容易实现，计算简单，减小了寻路开销。一旦出现死亡节点或者波束宽度超过阈值，算法会马上启动源头更新，让网络内的其他剩余能量更大的节点充当数据转发中继，降低了现有簇内节点继续死亡甚至出现大片网络空洞的概率。

5.3　SaDVC-Routing 的数据转发流程

5.2 节阐述了 SaDVC-Routing 的关键步骤，从中可以看出，波束扩展法实现了局部能量消耗均衡，而源头更新法则保证了全局能量消耗均衡，二者的结合达到了全网能耗均衡。另外，5.1.1 节的推导过程充分说明，使用智能天线能够有效节省能量。综合这两个因素可知，动态虚拟簇的方法能够实现能量节省和能耗均衡的联合优化。

需要指出的是，对于智能天线和定向天线，节点在通信之前必须进行波束对准，否则会出现“耳聋问题”，这可以通过 MAC 层的 CTS 和 RTS 数据包的到达方向进行估算。此处采用 DMAC 协议达到这一目的[47]。

SaDVC-Routing 算法的数据转发流程可以用图 5.3 表示，具体步骤解释如下。

（1）初始化：设定 θ、$\Delta\theta$、$\theta_{\max}$、P_o 的初始值，根据网络各节点的坐标设置距离矩阵 D_m，簇身份矩阵 C_{id} 和死亡节点向量 V_{dead} 为空，设置最小能量等级 $P_{\min}$、最大能量等级 $P_{\max}$ 和 ΔP，给定 E_{elec}、E_{fs} 和 E_o，并为数据包大小 k 和权重调节因子 β 给定初值。

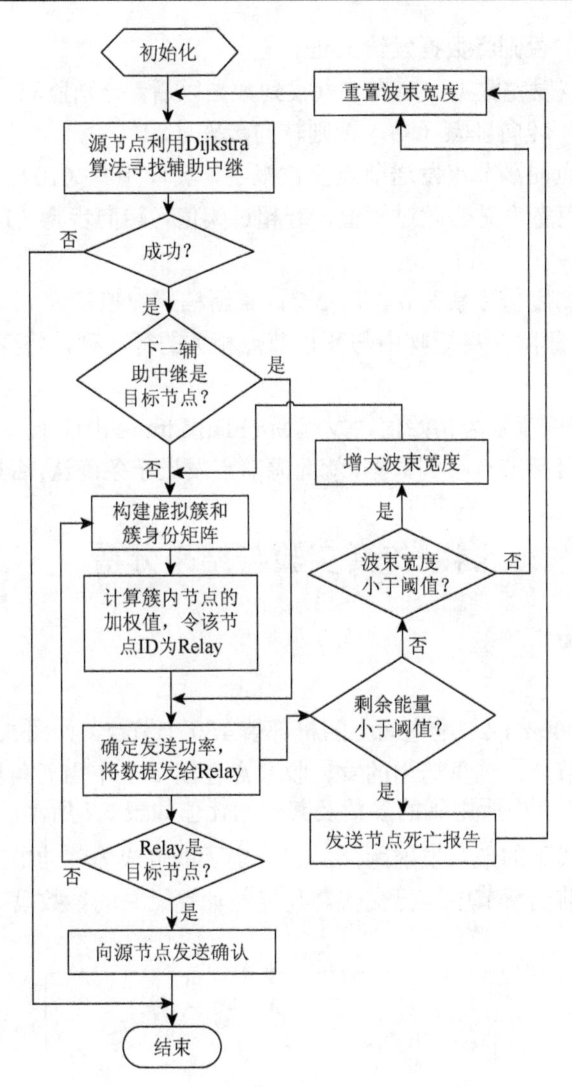

图 5.3　SaDVC-Routing 的算法流程

（2）源节点利用 Dijkstra 算法寻找辅助中继和辅助路由，如果失败，就直接退出，否则进入步骤（3）。

（3）如果下一跳就是目标节点，直接将数据发送给它；否则以 R_i 为圆心、$\mathrm{Dis}_i \times \sin(\theta/2)$ 为半径构建虚拟簇，同时更新簇身份矩阵。

（4）利用式（5.9）计算中继加权值，选择中继加权值最大的簇内节点为下一跳，记为 Relay。

（5）本跳节点查询“距离矩阵”，确定到达下一跳（即 Relay）的距离，然后根据式（5.5）确定本次数据的发送功率，如果节点使用最大发射功率仍然无法发送，则返回步骤（4）；否则将数据发给 Relay。

（6）发送节点发完数据、接收节点收到数据以后，分别监测自己的剩余能量，若低于死亡阈值，转向步骤（7），否则转向步骤（8）。

（7）本跳节点向源节点发送节点死亡报告，转向步骤（10）；

（8）判断波束宽度是否超过阈值，若超过阈值，转向步骤（11），否则转向步骤（9）。

（9）将波束宽度值更新为$\theta=\theta+\Delta\theta$，重新构建虚拟簇。

（10）源节点删除距离矩阵中与死亡节点相关的行和列，将死亡节点的 ID 加入死亡节点向量。

（11）重置波束宽度为初始值，发起新的 Dijkstra 路由请求。

（12）如果是目标节点收到数据，就向源节点发送一条确认；否则转到步骤（3）。

5.4　仿真实验与结果分析

5.4.1　仿真设置

在1000m×1000m 的二维空间上随机部署 150 个节点，如图 5.4 所示。随机选择一对源、目标节点，这里选用的发、收节点在图 5.4 中用五角星绘制，分别标注为 src 和 dst。仿真中所用到的参数及其初始化值如表 5.1 所示，其中 $Trans_{max}$ 表示节点在全向模式下的最大发射距离，它决定了能够成为辅助中继的候选节点数量，其他参数在前面章节中均已交代。与能耗计算无关的参数没有列出。

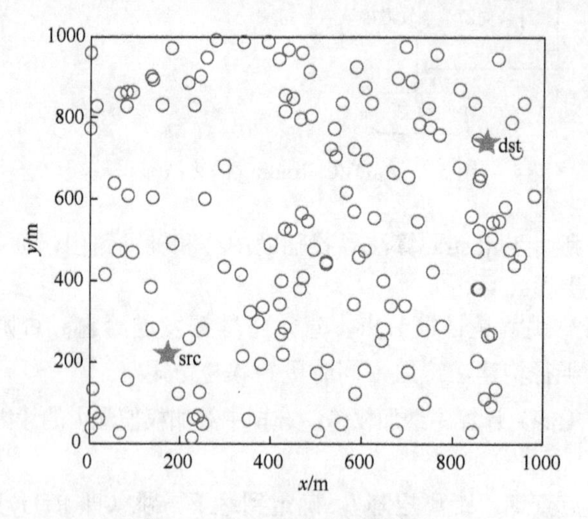

图 5.4　仿真网络的拓扑结构

为了集中研究中继节点的能耗数值和能耗分布情况，假定源节点和目标节点的能耗没有限制。令源节点向目标节点发送 50000 个数据包，每发一个数据包称为一轮。

表 5.1　仿真参数及其初始值

参数	初值	参数	初值
E_o	0.5J	$\text{Trans}_{\max}$	300m
E_{elec}	50nJ/bit	$\theta_{\min}$	20°
E_{fs}	10pJ/(bit·m^2)	$\theta_{\max}$	90°
E_{dead}	0.2J	$\Delta\theta$	10°
β	1	k	500bit

为了对比，本书仿真了三个算法，即采用智能天线的 SaDVC-Routing 算法、采用全向天线的 Dijkstra-Routing 算法和采用智能天线的 YANG-Routing 算法[146]，在此分别称为场景 1、场景 2 和场景 3。

5.4.2　结果分析

场景 1：仿真从第 5012 轮开始出现节点死亡，到算法结束为止，共死亡 26 个节点，50000 个数据全部成功到达目标节点。运行结束后，死亡节点、存活节点的分布情况如图 5.5 所示，其中存活节点和死亡节点分别用小圆圈和小十字表示。为了进一步验证场景 1 到底能够成功发送多少数据包，继续增大发送轮数，发现可以成功发送 107643 个数据包。

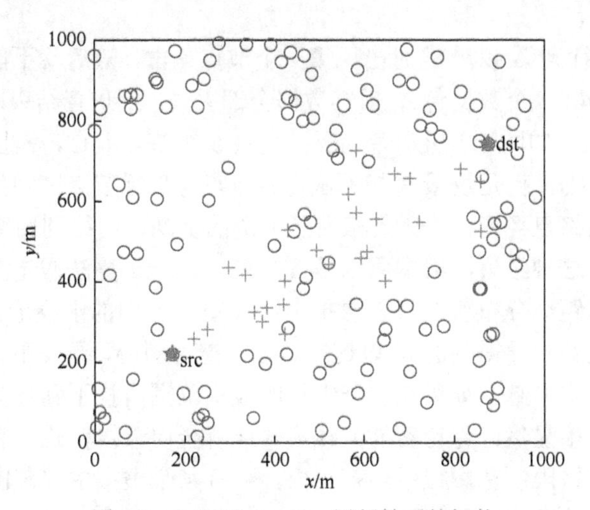

图 5.5　SaDVC-Routing 运行轮后的拓扑

场景 2: 第一个死亡节点出现在第 796 轮，到仿真结束为止，共发送成功 18780 个数据包，比场景 1 少得多；共有 62 个节点死亡，是场景 1 的 2.4 倍。这说明，由于采用了全向天线，场景 2 比场景 1 的能耗大了很多。但是，Dijkstra 路径上的中继节点在能量耗尽之后，能够重新在源、目标节点之间寻找新的路径，不会因为一出现中继节点死亡便无法发送数据的情况，这一点与 SaDVC-Routing 类似。但是，场景 2 必须等到有 Dijkstra 路径节点死亡时才会重新发起新的路径请求，也就是说，一旦找到路径，便要将该路径上的某个节点能量用尽为止，能耗在节点之间很不均匀。图 5.6 是场景 2 的死亡节点、存活节点的分布情况。从图中可以看出其死亡节点较多。

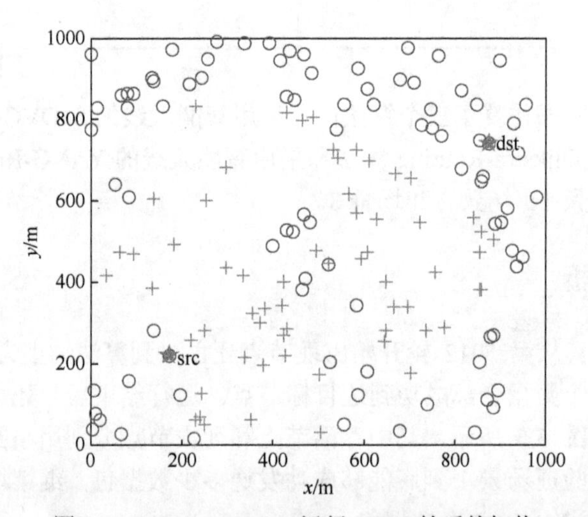

图 5.6　Dijkstra-Routing 运行 50000 轮后的拓扑

场景 3：运行到第 4275 轮时出现第一个节点死亡，随后就不能成功发送数据（即成功发送了 4275 个数据包），后续数据全部丢失。到仿真结束时为止，总共只有 5 个节点死亡，如图 5.7 所示。之所以只有 5 个节点死亡，是因为网络中虽然还有大量节点可用，但是场景 3 却无法为源节点与目标节点之间找到一条可用的路径，相当于网络已经死亡，因此浪费了大量的资源，网络利用率很低。

之所以会有这种结果，根本原因是 YANG-Routing 算法假定源节点和目标节点的连线上等间距地分布着 $h-1$ 个虚拟中继（图 5.7 中的小菱形，h 的大小是根据能耗公式对跳数求导得到的），以这些虚拟中继为圆心，寻找距离虚拟中继的最近的节点作为真实中继。如果在智能天线的波束范围内找不到真实中继，就换成全向天线模式。很显然，无论智能天线模式或者全向天线模式，有可能成为真实中继的节点被严格限制在虚拟中继范围内，一旦某个虚拟中继范围内的节点全部死亡，就再也无法寻找到可行的通信路径。

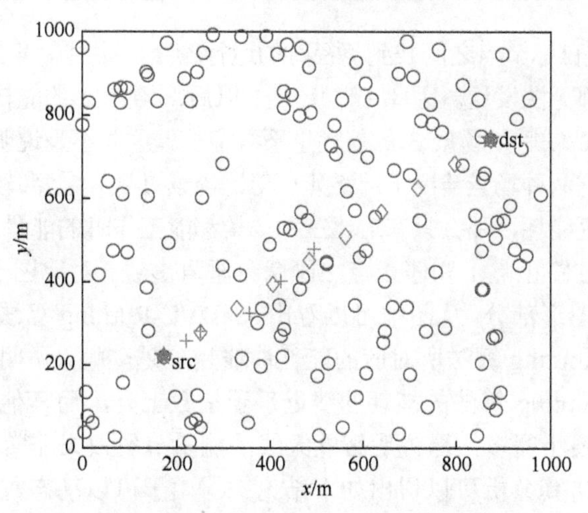

图 5.7　YANG-Routing 运行 50000 轮后的拓扑

现将上述三种场景的关键结果列于表 5.2，以便比较。

表 5.2　三种场景的部分运行结果

场景	出现死亡轮数	总共死亡节点	总共发送数据	最大能发数据
1	5012	26	50000	107643
2	796	62	18780	18780
3	4275	5	4275	4275

下面分析三个场景的能耗随运行轮数的变化情况，见图 5.8。停止点 1 表示场景

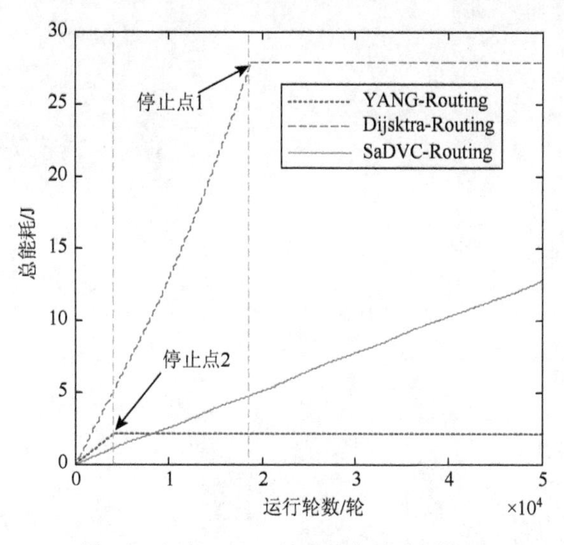

图 5.8　运行 50000 轮后的能量消耗情况

2 无法在源节点、目标节点之间找到路径时的运行轮数，发生在第 18781 轮，从此轮开始，后续数据都无法发送。因此，停止点 1 以后，场景 2 的能耗将不再增长。与此相似，停止点 2 以后，场景 3 的能耗也不再增长。这并不是说明这两种算法节省能量，而是说明这两种场景情况下网络死亡得比场景 1 早，效率较低。如果撇开效率不谈而单独研究能耗，那么只有对比三种场景都能工作时的能量消耗才有意义。

为此，分别过停止点 1 和停止点 2 画两条垂直虚线，对比图 5.8 中过停止点 2 的垂直虚线左边图形部分。从图中可以看出，SaDVC-Routing 算法、YANG-Routing 算法和 Dijkstra-Routing 算法所对应的能耗曲线越来越陡峭，说明三者的能耗依次增大。Dijkstra-Routing 算法的能耗曲线近乎于指数上升，而其他两种采用了智能天线的算法能耗要小得多，这说明智能天线的能量节省效果非常显著。

通过上面的仿真分析可以得出如下结论：①由于可以动态重构动态虚拟簇以便寻找新的路径，SaDVC-Routing 算法可以成功发送的数据包个数远远高于其他两个算法；②由于在簇内采用了中继加权值，在重新发起路由请求时采用了加权距离，因而实现了局部搜索和全局搜获的结合，使得能量在网络节点间均匀消耗；③采用智能天线的路由算法，发送同样数据所消耗的能量明显低于采用全向天线的路由算法。

第6章　动态方格划分传输机制

采空区是采煤过程中留下的“空洞”。采煤过程中，由于工作面后方存在漏风，采空区的遗煤会不断吸收氧气，导致煤的着火点降低，活化度提高[147]。如果聚积的热量得不到及时散发，就易产生自燃。综采放顶煤开采技术的广泛使用不但使得遗煤增多，而且致使冒落高度增大、漏风问题加重，令自燃问题更为突出。不过，煤在自燃前有一个自热过程，只有温度超过临界才会燃烧。因此，可以通过对采空区的温度进行动态监测，来判断采空区的自燃倾向性和确定自燃地点，以便采取针对性的防灭火措施。本章以采空区“三带”划分为依据，提出一种适合于采空区温度监测的特殊 M-WSN（coal goaf temperature monitoring WSN，GtmWSN）模型[43]，以及一种配套的数据传递方法，对采空区温度传感器的部署、参数选择和数据收集具有指导意义。

6.1　GtmWSN 模型与特征

6.1.1　GtmWSN 模型构建

采空区自燃发火是其内部压力场、流场、氧浓度场以及温度场等多场耦合的结果[148]，其本质原因是工作面后方漏风所致。它不但会损失煤炭资源、影响煤炭开采量，而且会导致煤气中毒、瓦斯爆炸等恶性事故，甚至使得整个矿井报废[149]。在实践中，由于在煤层发火初期无法直接定位火源位置，有经验的技术人员在发现自燃征兆时，通过打钻、大包围、逐步接近的方法定位火源，然后实施注浆灭火。这种方法无法在发火初期找到火源，使火源范围扩大，给治理带来极大困难。

目前，国内外已有一些采空区火源定位和检测方法见诸报道，如气体分析法、温度探测法、地质雷达法、无线电波法、磁力探测法、电阻探测法、计算机模拟法等，它们对采空区的防灭火工作起到了一定的指导作用。但是，这些方法无法做到连续实时探测，不能反映温度的时空变化过程，难以准确判定发火或者即将发火的位置，无法做到针对性地判断和处理。WSN 温度监测法借助感知矿山物联网框架的最新成果[150]，借助 WSN 节点的感知能力和自组成网能力[151]，将采集到的温度实时传输到工作面的 Sink 节点。这种方法具有连续动态监测的优势，可及时发现可疑自燃点，减少自燃发火损失。

根据含氧量的不同，采空区被分为三个带，即不自燃带（又称为散热带）、自燃带（又称为氧化带）和窒息带，见图 6.1。可通过三维激光扫描技术获得采空区边界表面的三维点云数据[152]，导入 SURPAC、3DMine 等软件后，快速重构采空区三维模型，获得采空区点、线、面、体等空间信息，如采空区体积、顶板暴露面积、长度、宽度、高度等。另外，也可对采空区空间的分布特征进行预测[153]，常用的方法有地震波速 CT 和吸收 CT 相结合法、探地雷达法、高分辨率浅层地震法、高密度电法等。

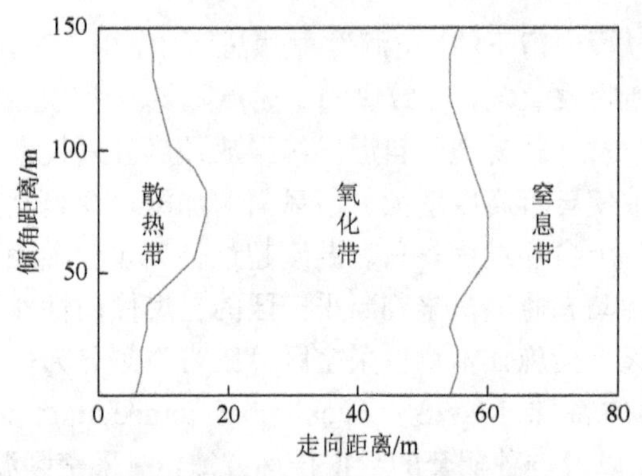

图 6.1 采空区的“三带”划分

研究表明[154, 155]，从工作面位置开始向采空区延伸，不自燃带处于 0～10m 的范围，自燃带处于 10～70m 的范围，70m 以上区域为窒息带。不自燃带所冒落的顶板岩块呈松散堆积状态，其空隙和漏风强度大，煤氧化产生的热量可以及时散发，因此不会自燃。窒息带区域冒落的岩块已被压实，无法维持自燃所需的氧化过程，因此也不会自燃。但是，处于不自燃带与窒息带之间的氧化带可能会因为热量的不断聚积而自燃，因此应该对它的温度加以重点监测。

在液压支架上按照一定距离挂置温度监测节点，这些节点在支架向前推进（移架）时能够方便地掉落到采空区中，自组织地形成 GtmWSN，见图 6.2。为了防

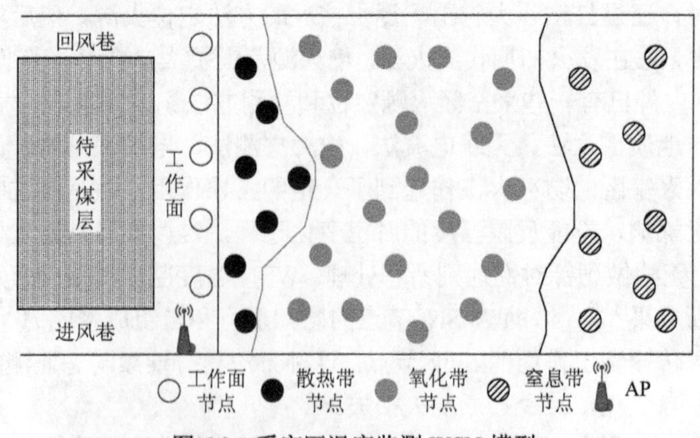

图 6.2 采空区温度监测 WSN 模型

止垮落的顶板岩块将节点压坏，要求对节点进行加固防护。此外，一部分节点被等间距的固定在支架上，它们不会随着移架的过程而掉落，充当温度采集的 Sink 节点。Sink 节点之间通过多跳的方式将采集结果发送给 AP（access point），由 AP 通过有线的方式转发到地面监控服务器。

为了进行理论分析，假定各区域的分界线是直线段，而不是图 6.1 和图 6.2 所示的曲线。假定散热带位于$(0,p]$m，氧化带位于$(p,q]$m，窒息带位于$(q,r]$m。由于窒息带不会自燃，后面不考虑它的温度采集问题，因此 GtmWSN 为一个$q\times l$的矩形网络（l为工作面的长度），它被分成$p\times l$和$(q-p)\times l$两部分，分别对应散热带和氧化带。

6.1.2　GtmWSN 的特征

GtmWSN 具有许多常规 WSN 所没有的特点：①采空区内的节点能量是不可再生的，必须充分考虑能耗问题，但是 Sink 节点可以借用工作面的照明电缆进行供电，可以不用考虑能耗问题；②自燃区的每个位置都有发火的可能，部署在该区域中的节点具有同等重要性，不能牺牲一些节点而成全其他节点；③数据始终向着工作面的方向传递，靠近工作面区域的节点在完成自身数据的传递的同时，还需要承担其他节点数据的转发任务，能量的消耗比较快；④Sink 节点不止一个，是一种多 Sink 网络。数据只要传递到任意一个 Sink 节点即算完成任务，是一种面向 Sink 的任播[156]。

当液压支架向前推进时，新的节点掉落到散热带中成为散热带节点（节点加入），见图 6.3。原来位于散热带的部分节点，则进入氧化带，成为散热/氧化带转换节点（角色转换）。与此类似，会产生氧化/窒息带转换节点，由于不考虑窒息带的监测问题，因此，凡是进入窒息带的节点，均可认为不再属于 GtmWSN，称为节点离去。

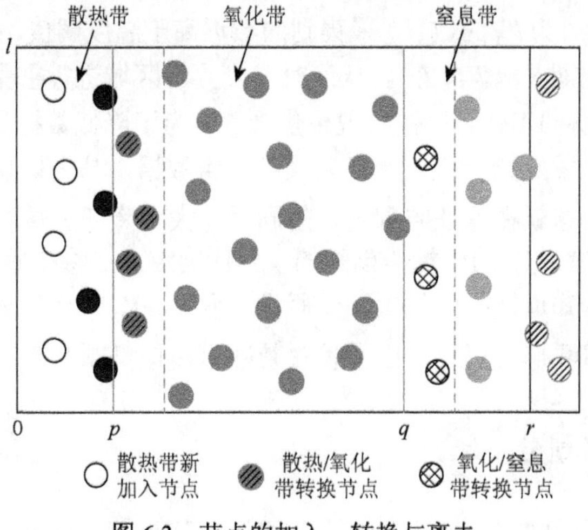

图 6.3　节点的加入、转换与离去

因此，GtmWSN 中的节点身份、承担的任务、数据转发量都是动态变化的，见图 6.4。为此，要求节点能够感知自己所属的区域，根据区域的不同确定自己的任务，因此，静态的、针对流量同构的数据传递方法不适合于这种场合。

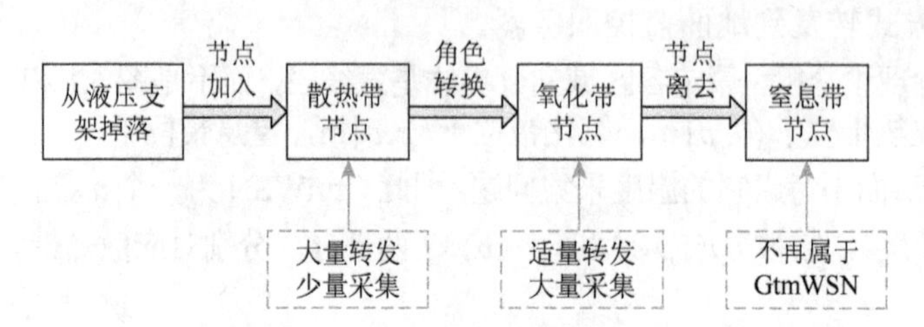

图 6.4　节点角色与任务的动态变化

6.2　GtmWSN 动态方格划分方法

本节为 GtmWSN 提出一种基于动态方格划分的数据传递机制（data transmission based on dynamic grid division，DTDGD），它将节点分成正常和异常两种模式。算法首先对网络进行方格划分，网络中的节点根据方格编号确定所属方格，随后利用贪婪转发和空洞避免的方式将数据传递给 Sink 节点。

6.2.1　数据采集模式

记 Sink 节点集为 V_S，各 Sink 节点之间等距，间距为 d_s。散热带节点集为 V_T，氧化带节点集为 V_O，GtmWSN 节点集为 $V_G = V_T + V_O$。

V_T 节点最初工作在正常模式，温度采集周期为 T_1。如果节点 V_{Gi} （$V_{Gi} \in V_G$，$i = 1, 2, \cdots, |V_G|$，$|V_G|$ 为 V_G 的数目）采集到的数据高于温度阈值，就进入异常模式。此时要缩短采集周期（即 $T_2 < T_1$），从而对温度异常区域进行密集监测；同时，要求 V_{Gi} 附近的节点协同工作，以便实现聚焦观测。为了降低数据量，正常模式下的节点连续采集 ζ 次才发送一次。一旦采集到异常数据，马上切换到异常模式，采集一次发送一次。这就在保证监测安全的同时，大大降低了转发数据量。

在 GtmWSN 中，V_G 的坐标是已知的（坐标确定方法将在后面章节研究），但是对节点之间是否知道彼此的位置不作假设。另外，V_G 节点知道工作面的推进方向，这个特点使得我们可以设计出一种贪婪数据传递机制[157]。

6.2.2　动态方格划分

以 V_S 的元素为圆心、r 为半径作虚拟半圆，称为第一层虚拟半圆（图 6.5）。

为了保证相邻半圆存在交点，要求$r \geqslant d_s/2$。接下来，在第一层的最左边和最优边的虚拟半圆上各补充一个辅助交点，它们与其他交点处于同一高度。随后，以这些交点和辅助交点为圆心，绘制半径为r的第二层虚拟半圆。与此类似，可以继续绘制第$i(i \in N)$层虚拟半圆，其中N为正整数集合。

按照图 6.5 的方式，将奇数层交点（和辅助交点）连接成竖线，将偶数层的交点（和 Sink 节点）连接成横线，这些竖线和横线将 GtmWSN 划分成一个个面积相等（边界方格除外）的方格，这个过程被称为方格划分。边界方格的面积虽然可能不同，但是并不影响数据传递，这将在后面章节阐述。当工作面完整割完一刀煤之后，支架和附属其上的V_S节点都作了一次完整前移，此时需要对网络重新划分方格。因此，方格划分是动态进行的，这不但保证了方格的时效性，而且可以避免V_G节点被一直固定在某个方格，以免节点少的方格出现监测空洞。

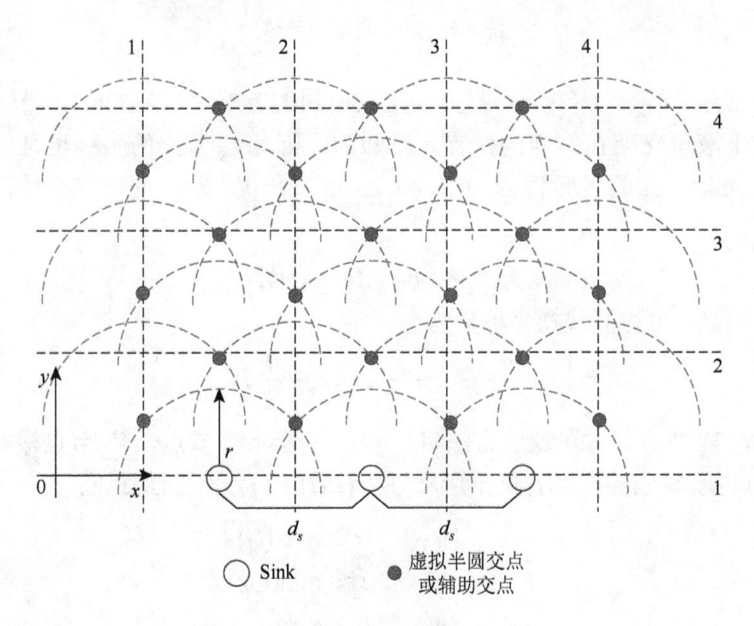

图 6.5　动态方格划分

以图 6.5 所示的V_S节点所在直线为坐标横轴，从左向右为正向；以监测网络最左边为坐标轴 0 点，从下往上为纵轴正向。将横线从下往上依次编号为$1,2,\cdots,i,\cdots,m$，竖线从左向右依次编号为$1,2,\cdots,j,\cdots,n$，横线i和竖线j相交处的左上方格被编号为(i,j)，其中，$1 \leqslant i \leqslant m$，$1 \leqslant j \leqslant n$，最右一列的方格编号为$(i,n+1)$。

除了边界的方格外，其余方格的宽度（横向长度）均为d_s，因此只需求其高度（纵向长度）h。为此，取出图 6.5 的左边和中间 Sink 节点，分别称为 Sink1

和 Sink2，并取出第一层虚拟半圆的第二个交点（1, 2）和第二层虚拟半圆的第一个交点（2, 1），组成图 6.6 所示的图形，得

$$h = 2r\cos\theta = 2r\sqrt{1-\left(\frac{d_s}{2r}\right)^2} = \sqrt{4r^2 - d_s^2} \tag{6.1}$$

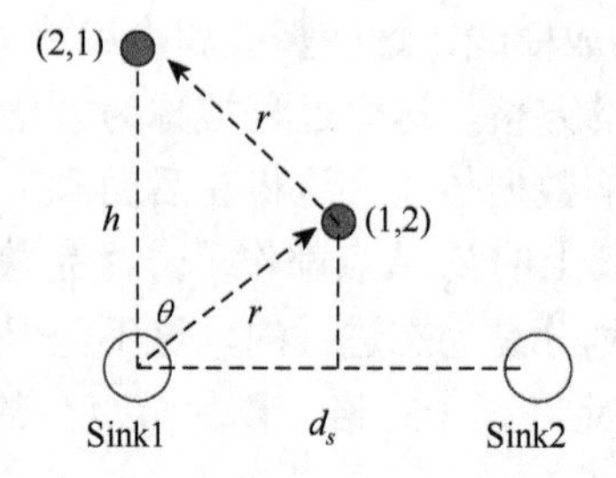

图 6.6　方格高度的计算

方格划分完毕后，V_G 节点需要确定它所属的方格[158]。由 6.1.1 节和图 6.5 可知，由于液压支架在横向的位置是已知的，因此 V_S 节点的坐标也是已知的。记第 i 个 Sink 节点的坐标为 $(x_i, 0)$, $i \in 1, 2, \cdots, |V_S|$，$|V_S|$ 为 V_S 的节点个数，可得横线纵坐标集为

$$l_m = \{h, 2h, \cdots, ih, \cdots, mh\} \tag{6.2}$$

与此类似，可得竖线横坐标集为

$$l_n = \left\{x_1 - \frac{d_s}{2}, \cdots x_i - \frac{d_s}{2}, \cdots, x_n - \frac{d_s}{2}, x_n + \frac{d_s}{2}\right\} \tag{6.3}$$

随后，V_S 节点通过洪泛的方法将 l_m 和 l_n 发送给 V_G 节点，V_G 节点根据自己的坐标 (x, y) 以及收到的 l_m 和 l_n 确定所属方格 $(V(i), V(j))$，方法如下：

$$\begin{gathered} V(i) = \begin{cases} n+1, & x \geqslant \max(l_n) \\ 1, & x \leqslant \min(l_n) \\ ni, & l_{ni} < x < l_{ni+1} \end{cases} \\ V(j) = (\min(y \geqslant l_m)) / h \end{gathered} \tag{6.4}$$

其中，l_{ni} 和 l_{ni+1} 分别为竖线横坐标集 l_n 的第 i 和 $i+1$ 个元素。

为了使用式（6.4），还要知道 V_G 节点的坐标 (x, y)[159]。由于 V_G 节点是从支架上掉落的，因此它的横坐标与该支架的横坐标相等（虽然在掉落的时候可能会有偏移，但偏差不会太大），即 x 已知。为了确定 y 值，V_G 节点设置一个定时器，它从掉落的时候开始计时。在知道工作面的推进速度 v 的情况下，可以求得 V_G 节点在时刻 t 的纵坐标为 $y = vt$。值得注意的是，定时器除了可以间接提供节点的纵坐标之外，还可以为温度数据打上时间戳，以便对采空区的温度变化进行时

空分析。

V_G 节点在执行监测任务时，只要从 V_S 节点得到一个更新指令，就可以利用式（6.4）重新计算当前所属方格。接着，V_G 节点之间通过 HELLO 消息交换方格号，获悉自己所在方格、左右邻居方格和 Sink 方向的邻居方格中各有哪些节点，以便根据 6.3 节的方法执行贪婪转发或者空洞避免。

在划分方格时，绘制虚拟半圆的目的是确定 l_m 和 l_n，进而帮助 V_G 节点确定所属方格。但是，算法其实并不需要真正绘制半圆，因为在 V_S 节点横坐标 x_i、方格高度 h 和 Sink 间距 d_s 的辅助下，就足以确定出 l_m 和 l_n。如果想要调整方格大小，V_S 只需将新的 h 值代入式（6.2）计算新的 l_m（注意 l_n 只取决于 x_i 和 d_s，这两个值确定之后就不再变化），然后用洪泛的方法将 l_m 值发送给 V_G 节点。图 6.5 之所以绘制半圆，只是为了陈述算法思想和交代 l_m 和 l_n 的来源。因此，动态方格划分的算法复杂度和开销都不大。

6.3　基于动态方格划分的数据传递

监测网络经过动态方格划分以后，可以采用贪婪的方式进行数据传递[160]，即 (i,j) 方格中的节点将数据传递给 $(i-1,j)$ 方格中的节点，逐步向 Sink 节点靠近。为此，要求相邻两个方格内的节点必须相互连通，即节点发射距离必须大于等于相邻两个方格的对角线距离（图 6.7）：

$$d_{01} \geqslant \sqrt{4h^2 + d_s^2}$$

这里取等号即可满足要求，因此

$$d_{01} = \sqrt{4h^2 + d_s^2} = \sqrt{4\left(4r^2 - d_s^2\right) + d_s^2} = \sqrt{16r^2 - 3d_s^2} \tag{6.5}$$

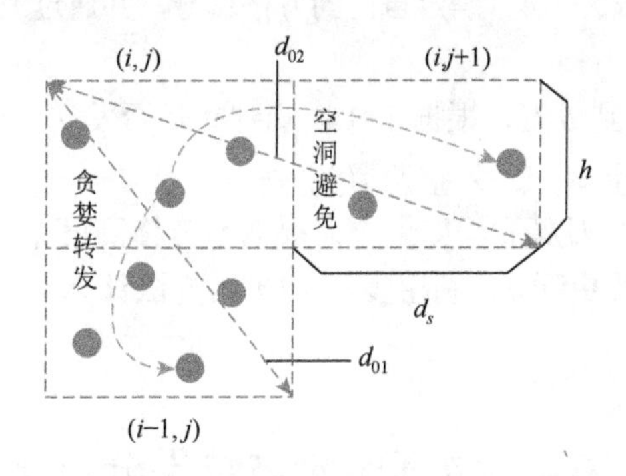

图 6.7　基于方格划分的贪婪转发和空洞避免

如果 $(i-1,j)$ 方格中的节点已经全部死亡（出现空洞），将向右执行空洞避免：

(i,j) 方格将数据转发给 $(i,j+1)$ 方格（图 6.7），由 $(i,j+1)$ 方格执行贪婪转发；如果 $(i,j+1)$ 方格判断出 $(i-1,j+1)$ 是空洞，则将数据转发给 $(i,j+2)$ 方格，以此类推。如果向右避免空洞失败，就用相似的方法向左避免空洞，如果也失败，就宣告数据转发失败。显然，最右边和最左边的方格只能向左、向右避免空洞。在避免空洞时，要求节点发射距离满足

$$d_{02}=\sqrt{4d_s^2+h^2}=\sqrt{4d_s^2+\left(4r^2-d_s^2\right)}=\sqrt{4r^2+3d_s^2} \tag{6.6}$$

为了同时满足贪婪转发和空洞避免的条件，可以假定节点能够调整发射功率，将发射距离 d_0 调整为 d_{01} 或 d_{02}。如果节点的发射功率不能调整，就取 d_{01}、d_{02} 的最大值，以实现相邻方格的充分覆盖，即

$$d_0=\max\left(\sqrt{16r^2-3d_s^2},\sqrt{4r^2+3d_s^2}\right) \tag{6.7}$$

在节点发射功率固定的条件下实现充分覆盖的另外一种方法是调整虚拟半圆的半径，使得 $d_{01}=d_{02}$，即

$$\sqrt{16r^2-3d_s^2}=\sqrt{4r^2+3d_s^2}$$

此时，求得

$$r=d_s/\sqrt{2} \tag{6.8}$$

现在，将整个算法步骤完整总结如下：

（1）在 r 设定好以后，V_S 节点根据式（6.1）计算方格高度 h，进而利用式（6.2）计算出 l_m；

（2）V_S 节点根据自己的横坐标 x_i 和 V_S 节点间距 d_s，利用式（6.3）计算 l_n；

（3）V_S 节点将 l_m 和 l_n 洪泛给 V_G 节点；

（4）V_G 节点利用式（6.4）确定自己的方格编号，并通过 HELLO 消息在各节点之间交换方格号；

（5）V_G 节点采集到数据，根据工作模式判断是否发送，如果发送，首先尝试贪婪方式，如果发现空洞，进入空洞避免方式；

（6）工作面割完一刀煤后，如果不需要调整方格高度 h，仅向 V_G 节点洪泛方格更新指令；如果需要更新 h，利用步骤（1）的方法计算 l_m，然后把 l_m 洪泛给 V_G 节点，返回步骤（4）。

6.4　仿真实验与结果分析

采用文献[41]中的能耗模型，令 $E_o=0.5\text{J}$，$E_{\text{fs}}=10\text{nJ}$；$E_{\text{ele}}=50\text{pJ}$，它们分

别表示节点的初始能量、功放电路的能耗和其他电路的能耗。在 $l=200\,\text{m}$，$q=70\,\text{m}$ 的区域内随机部署 150 个节点，Sink 节点数目 NumSink=5，$r=d_s/2+d_s/10$，如图 6.8 所示（圆圈代表 V_G 节点，方块表示 Sink）。存活节点在一个采集周期内按照既定时隙发送数据，数据包大小为 200bit，所有存活节点完成一次数据采集和发送称为一轮。一旦有存活节点不能发送数据，网络寿命终止，即网络寿命为存活节点能够正常采集和转发数据的轮数。

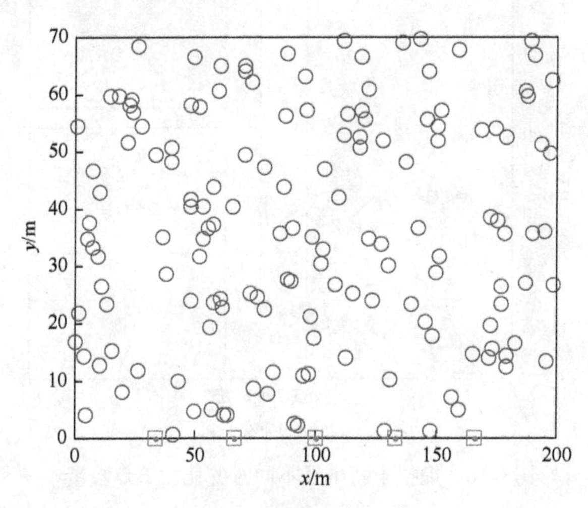

图 6.8　仿真网络拓扑

信道的路径损耗指数 n 对网络寿命具有很大的影响。图 6.9 给出了 n 为 2、3、4 的情况下的寿命，它们分别为 13393、6465 和 384 轮，此时，它们的节点死亡数量分别为 24、31 和 41 个。因此，网络寿命随着 n 的增大而快速减小。不失合理性，后面的仿真中假定 $n=3$。

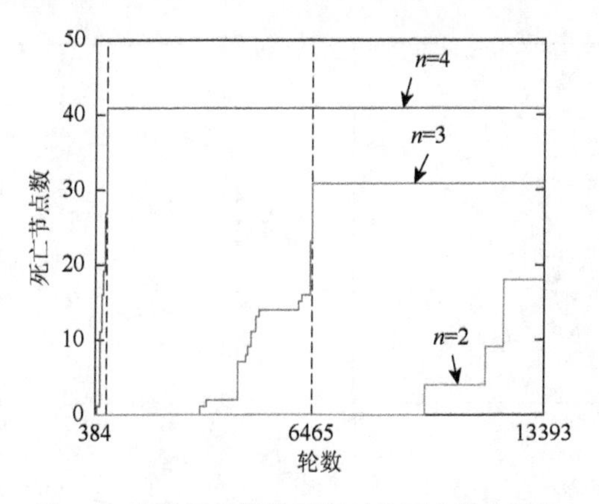

图 6.9　路径损耗指数不同时的死亡节点数量

接下来研究虚拟半圆的半径 r 对网络寿命的影响。从图 6.10 可以看出，在 $r = d_s / 2 + d_s / i (i = 10,8,6,4)$ 的情况下，网络寿命分别为 6465、7943、9052、15228 轮，即网络寿命随着虚拟半径的增大而增大，此时，节点死亡数量分别为 31、62、67 和 96 个。

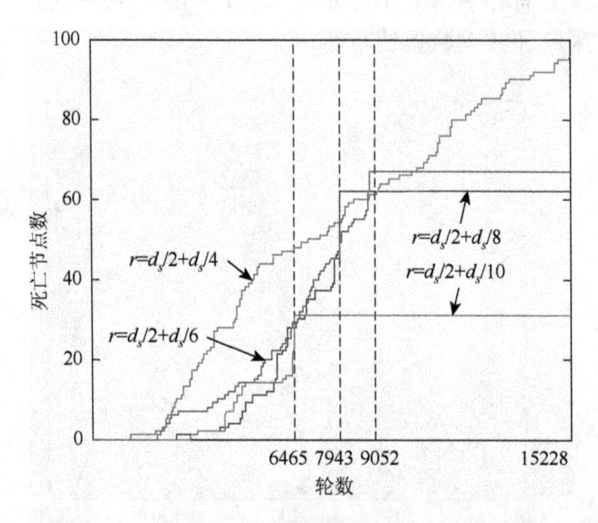

图 6.10　虚拟半圆半径不同时的死亡节点数量

值得注意的是，r 增大所带来的寿命增长可能是虚假增长，为了说明这个问题，我们研究图 6.10 中的四种 r 设置在寿命终止时的节点死亡分布情况，结果见图 6.11，其中圆圈表示存活节点，十字表示死亡节点。图 6.11（a）、（b）、（c）清楚地说明，这三种 r 设置下的氧化带节点已大面积死亡，早就失去了温度监测的能力，而图 6.11（d）则基本保留了监测能力，是一种合适的半径设置。

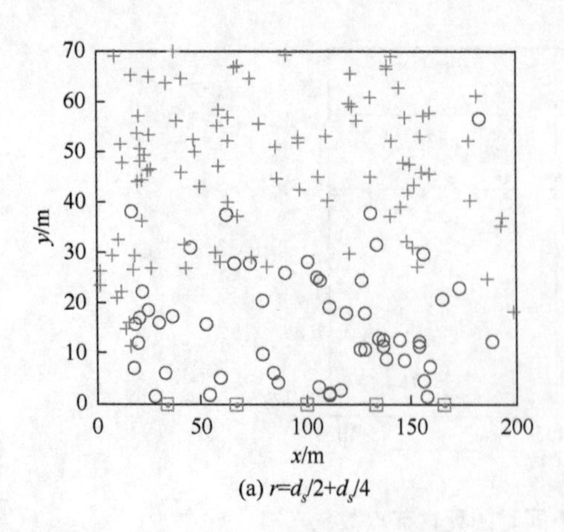

(a) $r=d_s/2+d_s/4$

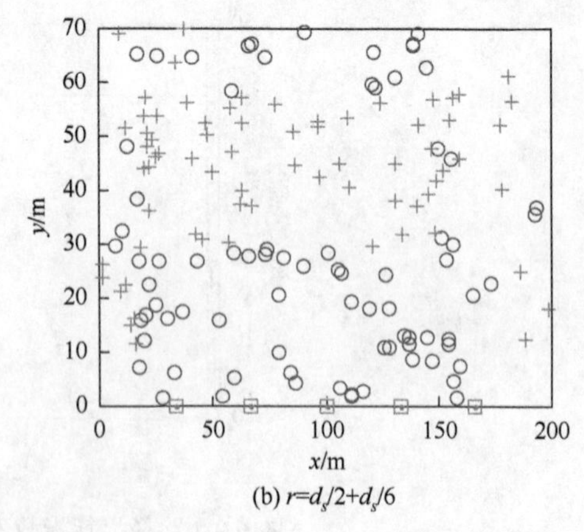

(b) $r=d_s/2+d_s/6$

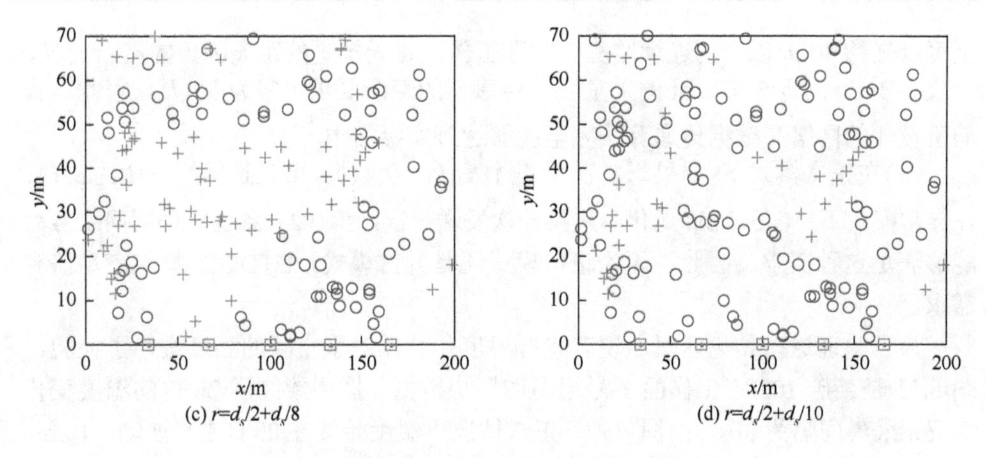

图 6.11　虚拟半圆半径不同时的节点死亡分布

Sink 节点数目对网络寿命也有一定影响，见图 6.12，共仿真了 NumSink=3，4，5，6，7 等五种情况，它们的网络寿命为 4861、6584、6465、5443 和 4076 轮。可见，GtmWSN 存在一个最优的 Sink 节点数据量，这里为 4 个。

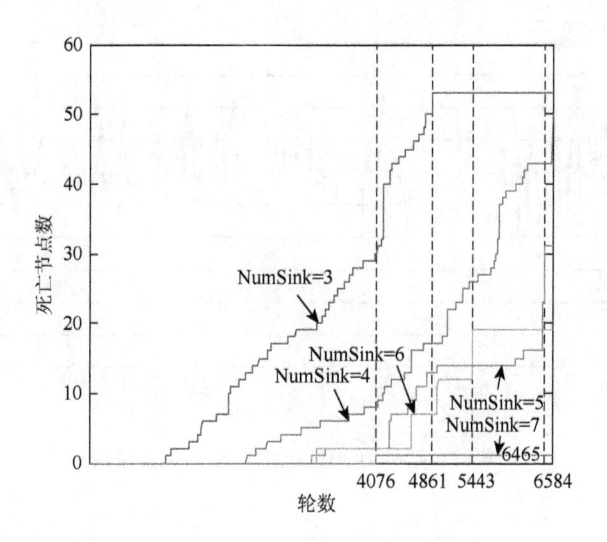

图 6.12　Sink 节点数目不同时死亡节点数量

综合以上分析，可以得出如下结论。

（1）在 $E_o=0.5\text{J}$，$n=3$ 的情况下，GtmWSN 完全有能力达到 6500 轮左右具有监测意义的网络寿命。随着电池技术的进步，E_o 可被设定为更大的值，从而可进一步提升网络寿命。

（2）如果正常模式下的采集周期为 10min，那么每天只需要 144 轮，网络完全可以支持 40 天以上的连续监测。实际工作面每天推进的距离因矿的产量而异，一般≥2 m，对于 $q = 70$ m 的采空区，传感器的寿命要求上限为 35 天。因此，我们所设计的网络和数据传递算法完全能够达到实际需求。

(3)在正常模式下，如果每 ζ 次采集才发送一次数据，可延长网络寿命约 ζ 倍；在异常模式下，GtmWSN 退化为采集一次发送一次，第（2）条已经证明网络寿命能够满足这种需求。因此，无论正常模式还是异常模式，DTDGD 均能满足监测需求。

为了验证这些结论，对照现有光纤温度传感器对采空区的温度进行了检验，图 6.13 是某矿 10302 工作面 1 号通道的历史数据。图中绘制了 2h 内的温度变化情况，采集间隔为 30s。由图可知，正常情况下温度始终在 23℃左右波动，10min 以上的采集间隔完全满足需求。此外，该工作面每天推进 8m，因此，传感器寿命只需要维持 9 天，即可满足 70m 的监测范围要求。这说明第（2）条和第（3）条结论是合理的。第（1）条结论关于 E_o 和 n 的假设与现实基本是吻合的，E_o 甚至可以更大，因此第（1）条结论也能得到满足。可见，GtmWSN 模型及其 DTDGD 传递方法完全能够满足采空区温度监测对 WSN 寿命的要求。

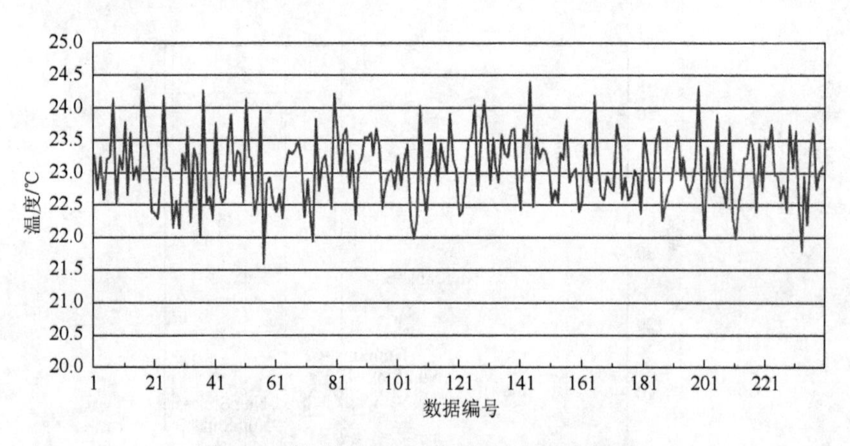

图 6.13　某矿 10302 工作面 2h 内的温度情况

第7章　基于机会通信的传输机制

在部分监测应用场景中，源节点与目标节点之间没有直接连通路径，传统的通信手段无法完成数据传输任务。但是，若应用场景中存在移动节点，这些移动节点可能在不同时刻会分别与源节点和目标节点相遇。如果考虑到节点移动能够为分属不同区域的节点带来相遇机会，即使在源节点和目标节点间没有直接连通路径，也能将数据传递给更有可能与目标节点相遇的其他节点，通过存储-运载-转发的方式将数据交付给目标节点。为此，本章探讨机会通信的基本原理、机会网络中的节点移动模型、机会通信的性能仿真方法、机会网络中节点相遇的时空特征等内容，为没有直接连通路径情况下的数据传输提供支撑。

7.1　机会通信与机会网络

7.1.1　机会通信的基本原理

在移动节点与源节点相遇时，源节点可以将数据传输给移动节点；移动节点携带着源节点的数据继续在应用场景中移动，当它与目标节点相遇的时候将数据传输给目标节点。这种通过中间节点（移动节点）的存储-运载-转发将数据传递目标节点的方式[161]，即为机会通信网络的基本特征。机会网络是一种利用节点移动所带来的相遇机会实现通信的自组织网络[162]，其源节点和目标节点之间虽然没有传统的连通路径，但是可以建立一条或多条空-时机会路径[163]。如图 7.1[164]所示，其中 S 为源节点，D 为目标节点，它们没有连通路径。S 在 t_1 时刻将数据

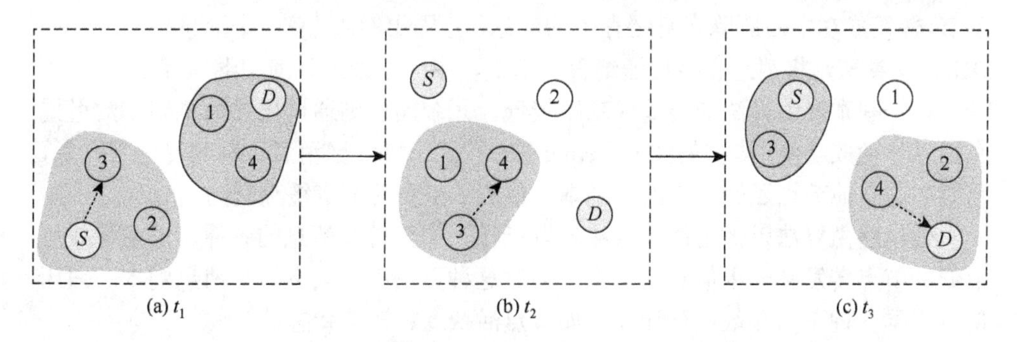

图 7.1　机会网络“存储-运载-转发”传输模式

转发给在同一连通域节点 3，节点 3 将数据存储并携带运动，在 t_2 时刻将数据转发给同一连通域内的节点 4，节点 4 将数据存储并携带运动，在 t_3 时刻运动到与 D 在同一连通域时将数据转发给 D，完成数据传输。

与传统的多跳无线网络相比，机会网络具有以下特点。

（1）不要求统一部署节点：无需对机会网络的节点位置和网络规模进行任何预先设置。

（2）不依赖于基础设施：机会网络依靠节点移动带来的相遇机会进行数据传输[165]，而不是基础设施。当然，基础设施的存在可大幅提高通信性能。

（3）不保证可靠传输：机会网络通过节点间的相遇机会进行通信，具有机会性，若携带消息的节点始终无法与其他节点相遇，该消息将无法传输到目标节点。

（4）传输时延大：机会网络中节点将消息存储下来并携带移动，等待遇到合适的节点再进行转发，因此节点移动并等待合适节点过程加大了消息的传输时延[166]，这可能会对时延敏感的应用带来负面影响。

7.1.2 典型机会路由算法

根据有无主动节点，可将机会网络路由算法分为被动路由算法和主动运动路由算法。主动运动路由算法是指网络中有些节点主动为其他节点提供服务，这些节点的移动通常是非随机移动，摆渡路由协议是其典型代表[167]。摆渡路由算法通过摆渡节点的主动移动为其他节点提供消息转发服务，它充当源节点与目标节点的使者，将源节点的消息传到目标节点。

被动路由算法又分为单一副本路由算法、冗余路由算法、效用路由算法和冗余效用混合路由算法。

单一副本路由算法中，整个网络中仅存在一个消息副本，典型的如 First Contact[168]和 Direct Delivery[169]算法。First Contact 算法将消息转发给最先遇到的节点，转发成功之后删除自身缓存中的消息，使得网络中只有一个消息副本。Direct Delivery 算法则将消息直接传递给目标节点，中间不经过任何中继节点。

单一副本路由算法的传输成功率较低，冗余路由则通过增加消息副本数量提高消息传输成功率，典型的如 Epdemic 算法[170]。因此，当消息传输到目标节点后，网络中的其他节点还拥有该消息副本，浪费了宝贵的节点缓存空间。

效用路由算法以效用值（或称转发指标）作为转发消息的条件，消息从效用值低的节点转发到效用值高的节点，同时这种算法中也只有一个消息副本。效用值可根据各种不同参数进行计算，如节点活跃度、链路状态等[171]。

冗余效用混合路由算法综合了效用路由与冗余路由两种算法的特点，典型的路由算法有 PRoPHET[172]和 Spray and Wait[173]算法。当携带消息的节点 A 与其他节点 B 相遇时，若节点 B 尚没有该消息，同时到达目标节点的效用值大于节点 A 到达目标节点的效用值，则 A 将该消息复制并传给节点 B。与纯粹的效用路由算法不同，本算法中每个消息有多个副本，因而提高了消息传输成功率；同时，网络中的消息副本又受到效用值的严格限制，因此避免了网络中副本泛滥从而造成网络资源的浪费。

下面扼要分析前面提到的 Epidemic、Spray and Wait 和 PRoPHET 三种算法的基本原理。

1. Epidemic 算法

Epidemic 算法的基本原理是相遇的节点互相发送对方缓存中没有的消息，使消息不断扩散到整个网络。Epidemic 算法中每个节点存储一个概要向量（summary vector，SV），节点相遇时相互交换 SV，并将对方的 SV 与自己的 SV 比较，请求对方把自己没有的消息发送过来，如图 7.2 所示。收到对方发送来的消息后，节点需要立即更新自己的 SV，使得 SV 能够反映节点缓存的最新状态。

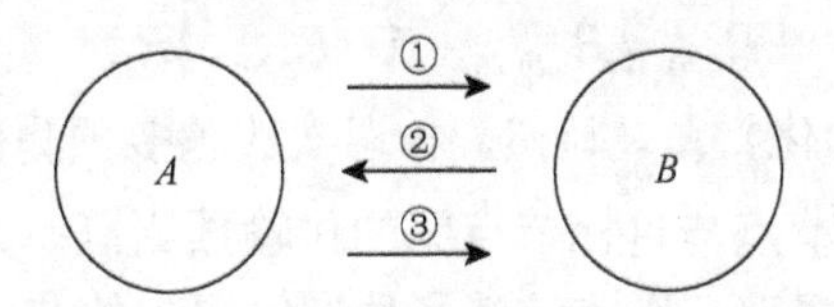

图 7.2　Epidemic 算法的信息交换过程

①A 向 B 发送 SV；②B 向 A 发出请求，请求发送 A 中有 B 中没有的消息；③A 向 B 发送 A 中有 B 中没有的消息

Epidemic 算法将消息转发给所有的相遇节点，因此具有很高的消息传输成功率，但是盲目洪泛给网络带来了大量冗余信息，对节点缓存资源和相遇机会均是较大的浪费。

2. Spray and Wait 算法

Spray and Wait（SAW）算法包括 Spray 和 Wait 两个阶段，它能有效降低 Epidemic 算法的开销比例。在 Spray 阶段，源节点为欲发送的消息产生 N 个副本，并将它们分发给不含此消息的 N 个相遇节点。如果在 Spray 阶段消息没有到达目标节点，则进入 Wait 阶段，携带此消息的节点负责把消息直接传到目标节点，中间不再转发给其他节点。

Spray and Wait 路由算法在高移动性场景（如车联网）中性能较好，但是如果节点只在一个小区域内移动，该算法的性能较差。为此，Spyropoulos 提出了改进算法 Spray and Focus（SAF）。与 Spray and Wait 算法不同的是[174]，Spray and Focus 的源节点在 Spray 阶段将 $N/2$ 个消息副本转发给第一个遇到的中间节点，该中间

节点将收到的 $N/2$ 个消息副本的一半（即 $N/4$）转发给遇到的第一个节点，如此继续，直到缓存中只有一个副本时进入 Focus 阶段。在 Focus 阶段根据两个节点从上一次相遇到目前所经历的时间决定下一跳节点。与 Spray and Wait 相比，Spray and Focus 可以将缓存中的副本尽快转发给传输概率更高的节点，因此具有更好的性能。

值得注意的是，Spray and Wait 并不是真正发送 $N/2$ 个消息给遇到的节点，而是采用令牌机制。持有消息副本的节点产生含有 N 个数据副本需要发送的令牌，当与其他节点相遇时，发送一个数据副本给该节点，并修改自己令牌需要发送副本的数目为 $N/2$，同时发送一个类似的副本给该相遇节点。

3. PRoPHET 算法

PRoPHET 算法依据节点间的传递概率 $P_{(a,b)}\in[0,1]$ 确定下一跳节点。PRoPHET 算法中每个节点含有消息概要向量和预测传递概率向量，其中预测传递概率向量包含有此节点与其所知道的其他节点的预测传递概率。当节点 A 与 B 相遇时，首先更新预测传递概率 $P_{(a,b)}$，$P_{(a,b)}$ 的计算方法如式（7.1）所示：

$$P_{(a,b)}=P_{(a,b)\mathrm{old}}+(1-P_{(a,b)\mathrm{old}})P_{\mathrm{init}} \tag{7.1}$$

其中，$P_{\mathrm{init}}\in(0,1]$ 是初始化常量。显然，相遇次数越多预测传递概率越大。当两个节点相遇时，若遇到的节点与目标节点间的传输预测概率大于携带消息的节点与目标节点间的传输预测概率，则将该消息传递给遇到的节点。

如果一对节点在一段时间内没有相遇，它们之间传输消息的可能性必然变小，因此预测传递概率值需要按照式（7.2）衰减：

$$P_{(a,b)}=P_{(a,b)\mathrm{old}}\gamma^{k} \tag{7.2}$$

其中，$\gamma\in(0,1)$ 是衰减常量；k 是传输预测概率值上一次发生衰减的时刻与当前时刻时间计数，可根据网络的延迟期望值进行计算。

预测传递概率具有传递性。若节点 A 与节点 B 经常相遇，节点 B 又与节点 C 相遇频繁，那么节点 B 将是节点 A 与节点 C 间的沟通桥梁，能够很好地充当节点 A 和节点 C 的中间节点。因此，节点 A 与节点 C 间的传输预测概率必然与节点 A、B 的传输预测概率，以及节点 B、C 间的传递概率存在关联，这可用式（7.3）表示，其中，$\beta\in[0,1]$ 是比例常量。

$$P_{(a,c)}=P_{(a,c)\mathrm{old}}+(1-P_{(a,c)\mathrm{old}})P_{(a,b)}P_{(b,c)}\beta \tag{7.3}$$

7.2　机会网络节点移动模型

节点移动模型决定了节点的移动速度、移动位置、相遇间隔、相遇持续时间等信息[175]，对机会网络的传递性能具有重要影响。

7.2.1 独立同分布移动模型

经典的机会网络节点随机移动模型有 Random Waypoint、Random Walk、Random Direction 等独立同分布移动模型。

1. Random Waypoint 模型

Random Waypoint(RWP)模型由 Johnson 和 Maltz 于 1996 年提出[176]。在 RWP 模型中，节点随机选择一个目标位置 D，然后以速度 v（$v \in [v_{\min}, v_{\max}]$，服从均匀分布）沿直线匀速移动到 D，节点到达 D 之后停留一段时间 t_p（$t_p \in [t_{\min}, t_{\max}]$）后再按照同样的方法移动到一个新的位置。重复上述步骤，直到过程结束。

2. Random Walk 模型

Einstein 在 1926 年用数学方法描述了 Random Walk(RWM)模型[176]。在 RWM 模型中，节点的运动方向和速度分别是从 $\theta \in [0, 2\pi]$ 和 $v \in [v_{\min}, v_{\max}]$ 中随机选取的，并且 θ 和 v 都服从均匀分布。每次移动的时间或距离固定，称为一个 step。每个 step 结束后不作停留，马上随机选择一个新的方向和速度继续运动。当节点到达区域边界时被反向弹回，保持速度大小不变继续运动，弹回的角度与反弹前的运动方向有关。

3. Random Direction 模型

RWM 模型中的节点运动一段时间后可能会产生密度波现象，即节点集中在仿真场景的某一区域，因为节点更“喜欢”向仿真区域的中间位置或者能穿过中间位置的地方移动。为此，研究人员构建了一种新的移动模型，即 Random Direction（RDM）模型[177]。在 RDM 模型中，节点从 $\theta \in [0, 2\pi]$ 随机选择一个移动角度向仿真区域的边界移动，到达边界后暂停一段时间，然后选择一个新的角度 $\omega \in [0, \pi]$ 继续下一个过程。

7.2.2 基于地图的移动模型

基于地图的移动模型（map based movement，MBM）分为基于地图线路的移动模型(map route movement，MRM)和基于最短路径的移动模型(shortest path map based movement，SPMBM）两种。在基于地图的移动模型中，节点最初分布在任意两个邻近的地图可达位置，然后节点由邻近的地图位置运动到另一个地图位置。当节点到达一个地图位置后，随机选择下一个邻近的地图位置作为运动目的地。

在 MRM 模型中，节点遵循一定的路线运动，适合于公共汽车、有轨电车等目标。SPMBM 模型中，节点利用 Dijkstra 等算法找出到达某一地图位置的最短路径，然后沿此路径移动，到达目的位置后停留一段时间，随后随机选择一个新的地图位置作为目的地，重复上述过程直到过程结束。

7.3 机会通信的性能仿真方法

7.3.1 机会路由仿真算法仿真工具

芬兰赫尔辛基大学设计开发的 ONE（opportunistic network environment simulator）是一个很强大的机会网络仿真工具，用户可在不同的移动模型或/和真实移动轨迹的基础上构造仿真场景，并可进行实时交互，完成不同机会路由算法的仿真。ONE 是基于代理的离散事件模拟引擎，主要用于建立“存储-携带-转发”网络行为模型，因此故意忽略了网络的底层模型（如信号衰减和物理介质拥塞）[178]。

1. ONE 的体系架构

ONE 的主要功能包括节点的移动模拟、路由模拟、离散事件产生器、可视化操控界面以及时间报告模块（图 7.3）。

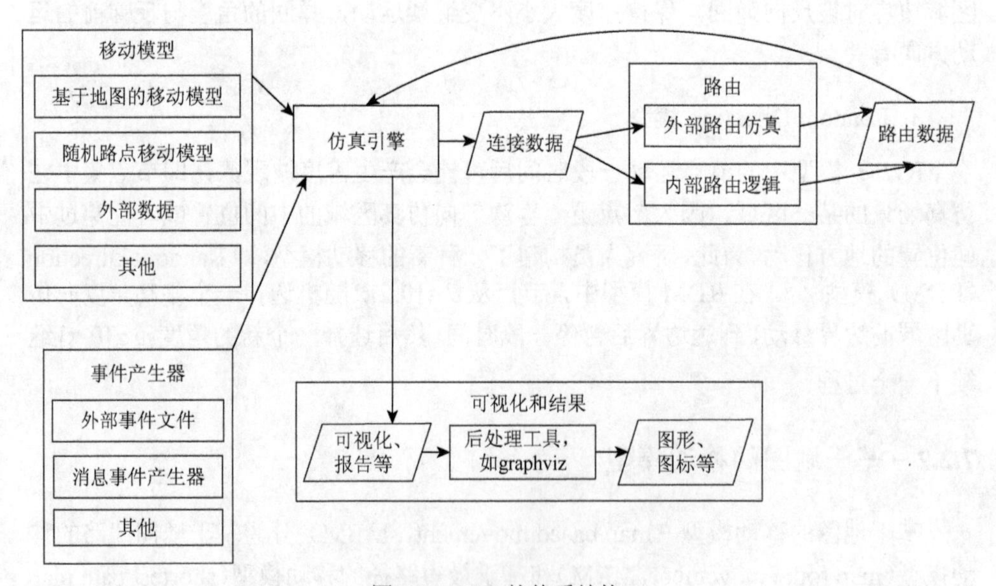

图 7.3 ONE 的体系结构

移动模型管理模块中主要包括节点的坐标、运动路径、速度和停留时间等。移动模型可以是理论移动模型，如 RWM、RWP 等（具体内容请参考 7.2 节）；也可以导入外部移动节点产生的真实数据。

路由功能由路由模块实现。路由模块定义了消息在仿真过程中的行为。在仿真中，消息常常是单播的，即消息只有一个目标节点。

仿真结果可以从报告模块产生的报告中获得。产生的结果可以是事件记录，它们可以通过外部处理工具进行处理，或者是统计产生的结果。仿真结果收集和分析可以通过可视化、报告和后处理工具完成。

2. ONE 仿真器运行过程

研究仿真器的运行过程有助于路由算法源代码的编写或修改。程序的运行从 main 函数开始，它位于 DTNSim 类中，因此 DTNSim 类是执行类。main 函数执行步骤如下：

（1）解析命令行参数，判断运行模式；

（2）初始化设置；

（3）根据模式开始仿真。

代码执行流程如图 7.4 所示。其中，DTNSimTextUI 类和 DTNSimGUI 类的父类是 DTNSimUI，三种类均是与用户界面有关的类。DTNSimTextUI 类是与批处理模式界面有关的类，DTNSimGUI 类是与图形用户界面（graphical user interface，GUI）有关的类。

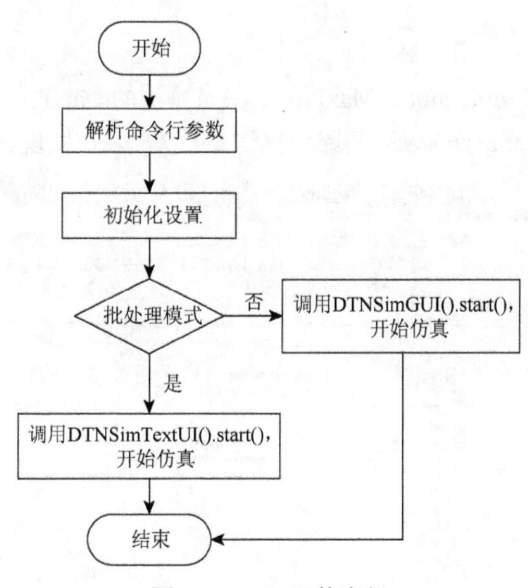

图 7.4 main 函数流程

从图 7.4 可以看出，start 函数是执行仿真的关键。Start()方法的代码如下：

```
public void start () {
   initModel ();
```

```
    runSim ();
}
```

initModel()用来初始化仿真模型；runSim()的作用则是开始仿真。ONE 仿真器有两种显示模式，即批处理模式和 GUI 模式，显示模式不同体现在 runSim()方法中。runSim()中的 world.update()方法主要处理创建消息事件、节点更新以及移动模型的更新，如图 7.5 所示。其中，节点的更新包括接口更新和路由更新，接口更新是路由更新的基础，因此接口更新要早于路由更新。

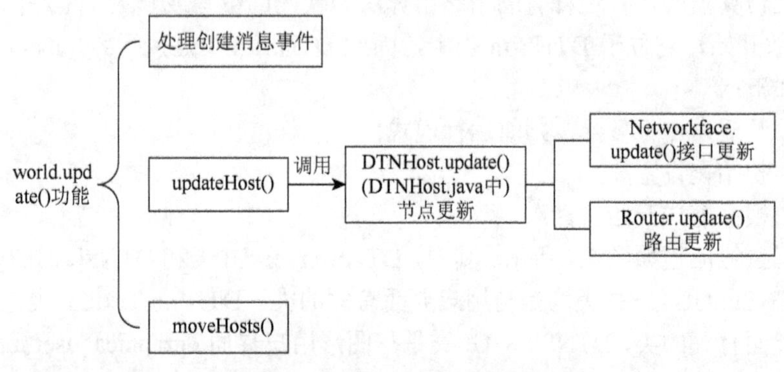

图 7.5　world.update 函数的功能

3. ONE 仿真程序修改

ONE 已经实现了 Epidemic、MaxProp、具有预测的 MaxProp、PRoPHET、具有估计的 PRoPHET、Spray and Wait 等路由算法（图 7.6），在实现新的算法时，通常可

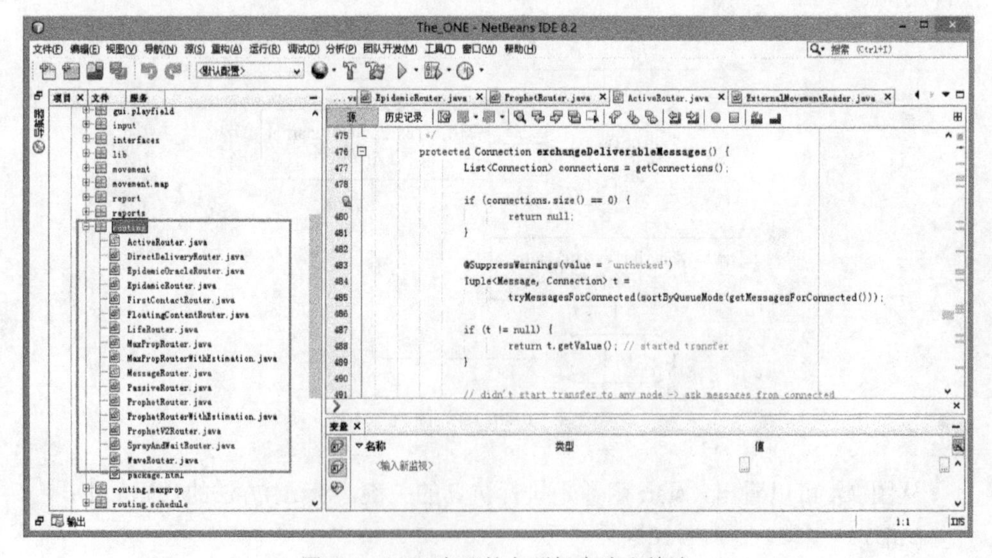

图 7.6　ONE 实现的主要机会路由算法

以以其中一个算法的代码为起点，即可以以它为基类实现自己的路由算法。如果无法满足需求，则应在 ActiveRouter 的基础上派生新类[179]。同时，应在 data 包中添加.wkt 格式的场景地图，地图可采用开源地理信息系统软件 OpenJUMP 绘制。data 包中现有的数据是赫尔辛基的城市道路图，以及基于路径模型的电轨车路线图。

各路由算法中最重要的函数 update()，一旦有事件产生，均会调用该函数。以 Epidemic 路由算法为例，其 update()方法的实现如下：

```
@Override
public void update () {
    super.update ();
  if (isTransferring () || !canStartTransfer ()) {
     return; //transferring, don't try other connections yet
  }

  //Try first the messages that can be delivered to final
    recipient
  if (exchangeDeliverableMessages () !=null) {
    return; //started a transfer, don't try others (yet)
  }

  //then try any/all message to any/all connection
     this.tryAllMessagesToAllConnections ();
}
```

在真正运行仿真之前，还必须设置 ONE 的运行参数，默认的设置文件名为“default_settings.txt”，它对仿真持续时间、消息更新间隔、接口速度、是否支持节点组等进行了规定。导入外部轨迹文件亦在此文件中进行设置，见如下代码[179]：

```
Scenario.simulateConnections=true
## Movement model settings
# MIT_Reality movement trace
Group.movementModel=ExternalMovement
ExternalMovement.file=extra_scenarios/MIT_Reality _trace.
txt
```

7.3.2　常见机会网络算法的性能分析

本节利用 ONE 对 Epidemic、Spray and Wait、Spray and Focus、PRoPHET 和

APSAF（applied opportunistic routing based on PRoPHET and spray and focus）等五种常见路由算法进行仿真，以对比它们的性能差别。前面已对 Epidemic、PRoPHET、Spray and Wait 以及 Spray and Focus 算法的基本原理进行了介绍，这里不再赘述。同时，这里根据 PRoPHET 和 Spray and Focus 的各自优势，提出一个简单的变体算法 APSAF，它在 Spray 阶段利用节点间平均预测传递概率判断是否传递消息。

假设节点 A 与节点 B 第一次相遇后的预测传递概率为 $P_{(a,b)(1)}$，第二次相遇后的相遇预测概率 $P_{(a,b)(2)}$ 利用式（7.4）计算，第二次相遇后的平均相遇预测概率 $P_{(a,b)\text{avg}(2)}$ 根据式（7.5）计算，其中 P_{init} 是节点相遇预测概率的初始值。

$$P_{(a,b)(2)} = P_{(a,b)(1)} + \left(1 - P_{(a,b)(1)}\right) P_{\text{init}} \tag{7.4}$$

$$P_{(a,b)\text{avg}(2)} = \left(P_{(a,b)(1)} + P_{(a,b)(2)}\right) / 2 \tag{7.5}$$

第 n 次相遇后，节点 A、B 之间的平均预测传递概率按照式（7.6）更新：

$$P_{(a,b)\text{avg}(n)} = \left(\sum_{i=1}^{\text{n}} P_{(a,b)(i)}\right) / n \tag{7.6}$$

消息转发过程与 Spray and Focus 算法类似。假设节点 A 欲将消息 m 发送给目标节点 D，它首先将消息复制 N（N>1）份，当节点 A 与任意节点 B 相遇时，彼此交换消息并更新相遇预测概率和平均相遇预测概率。若 $P_{(a,d)\text{avg}} < P_{(b,d)\text{avg}}$ 且节点 B 没有消息 m，则 A 复制 $N/2$ 条消息传递给 B（实际只需要传递一条消息，由节点 B 另外再复制 $N/2-1$ 条即可）。重复上述过程，直到只有一个消息副本为止，此时进入 Focus 阶段。在 Focus 阶段采用基于相遇时间效用值进行转发。

1. 节点数目对算法性能的影响

节点数目对机会网络的数据传输成功率具有较大影响。为了研究节点数目变化对算法性能的影响，保持其他参数不变而仅仅改变节点数目，得到结果如图 7.7～图 7.9 所示，图中节点变化量为 0 表示正常情况下节点数目，节点变化量为–4 表示节点数目比正常情况少 4 个。

从图 7.7～图 7.9 可以看出，Spray and Focus、APSAF 的传输成功率较高，均在 84%以上，平均时延和开销比例较低。随着节点数增加，它们的传输成功率逐渐增加并且大小基本一致；平均传输时延逐渐降低且大小基本一致。APSAF 的开销比例相比 Spray and Focus 降低了 86%左右，其原因是 APSAF 充分利用了节点的历史相遇信息，使得中继消息减少。

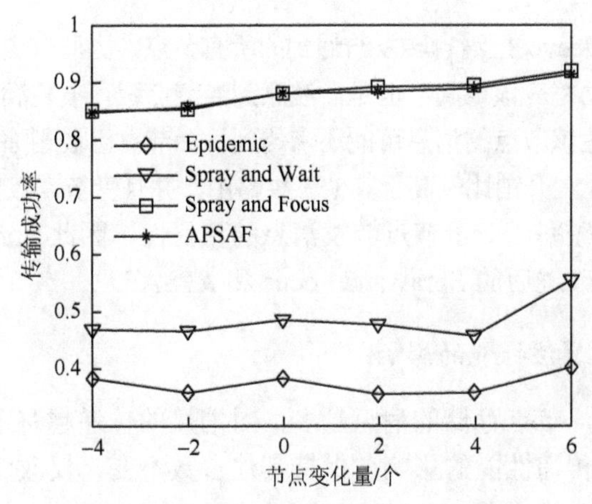

图 7.7 节点数目对传输成功率的影响

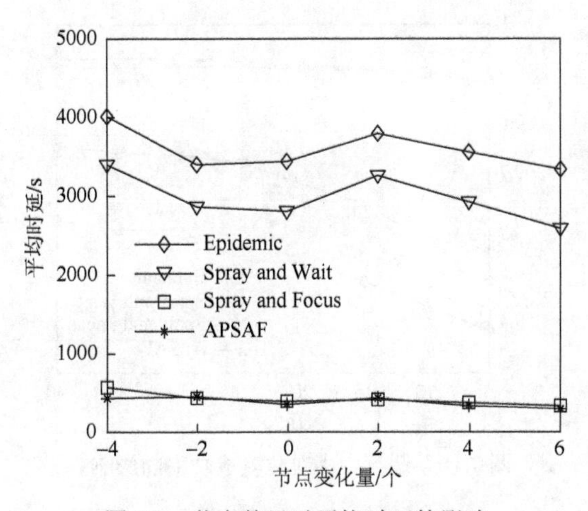

图 7.8 节点数目对平均时延的影响

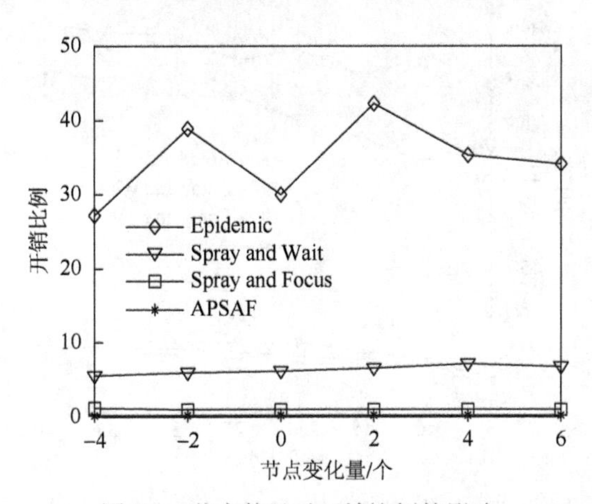

图 7.9 节点数目对开销比例的影响

直观而言，Epidemic 把消息转发给遇到的所有节点，因此有更多节点帮助源节点转发数据，传输成功率应该很高。但是，注意到当节点缓存被装满时不得不删除部分消息，因此最早到达该节点的消息可能还未传到目标节点已被删除，因此传输成功率最低，平均时延最大，开销比例高于其他三种路由，并且受节点数目的影响明显。

由于预测传递概率降低了节点转发消息的盲目性，因此 Spray and Wait 的各项性能指标均不如改进后的 Spray and Focus 和 APSAF。

2. 缓存大小对算法性能的影响

节点缓存越大，节点存储的消息越多，对消息的传递越有正面作用。为了研究缓存空间大小对传递性能的影响，保持其他参数不变，仅改变节点缓存大小，结果如图 7.10～图 7.12 所示。

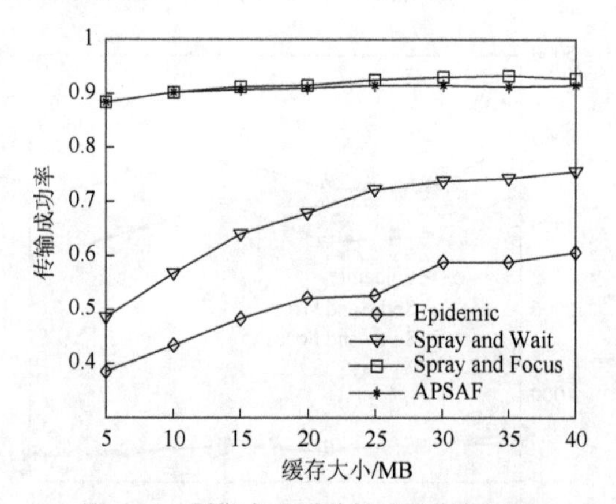

图 7.10　缓存大小对传输成功率的影响

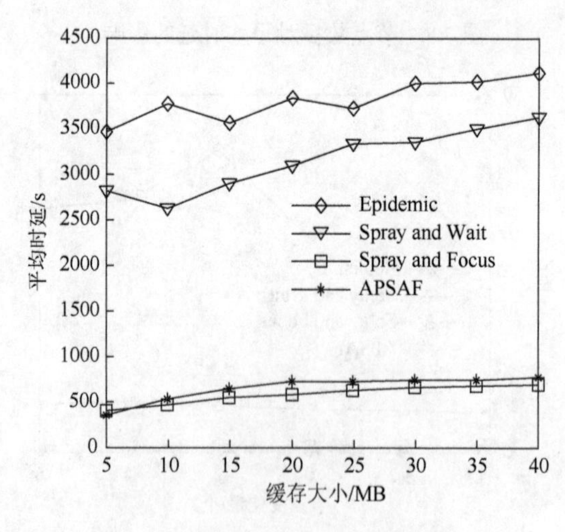

图 7.11　缓存大小对平均时延的影响

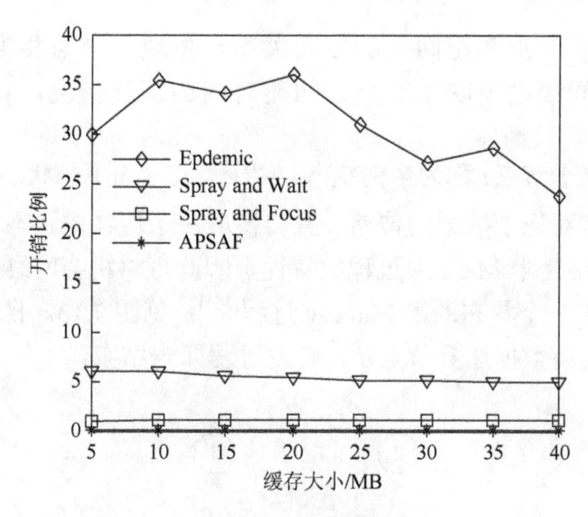

图 7.12　缓存大小对开销比例的影响

由图 7.10～图 7.12 可以看出，随着缓存的增加，消息传输成功率增加，这是因为随着节点缓存的增加，因缓存满而被删除的消息减少；但是，这将导致节点的缓存时间上升，从而增加传输时延，并降低开销比例。APSAF 和 Spray and Focus 的传输成功率在 88%～91.2%，Spray and Focus 的平均时延最低，APSAF 的时延并没有改善，但其开销比例相比 Spray and Wait 降低了 87%左右。

7.4　机会网络中节点相遇的时空规律

对节点运动以及相遇规律的认识至关重要，它可以回答如下问题[180]：①哪些节点与当前节点相遇最为频繁？这些节点将是机会路由选择的候选对象；②哪些节点之间具有社会联系？这些节点由于彼此信任，在通信过程中愿意合作；③节点相遇的持续时间有多长？时间太短，数据无法一次完全转发；时间太长，又将浪费宝贵的通信资源。

7.4.1　相遇模型与实验数据集

机会网络中的节点容易形成社区，同一个社区的节点会在短时间内频繁相遇，而不同社区间的节点相遇较少，即节点相遇呈现出较大的空间相关性[181]。节点的移动具有周期特性，大部分节点对的相遇很少，只有少数节点对频繁相遇，即节点相遇呈现出较大的时间相关性。这里通过对四个不同数据集的分析，研究节点相遇时的节点度、任意相遇时间间隔与任意相遇次数的关系。

节点度反映了不同节点在空间上的相互关系，体现了节点相遇的空间特征；而任意相遇时间间隔则反映了节点之间随时间的演化情况，体现了节点相遇的时间特征。

如果将消息位于节点i称为当前状态，位于节点j为下一状态，那么从当前状态转换到下一状态对应于数据的传递，且转换取决于现在的状态和在该状态下停留的时间[182]，这正是半 Markov 过程的特性，因此可将机会网络的节点相遇和消息传递建模成具有N个状态的半 Markov 过程[161]，见图 7.13。目标节点d对应的状态是吸收态，因为数据达到节点d，转发过程即告结束。

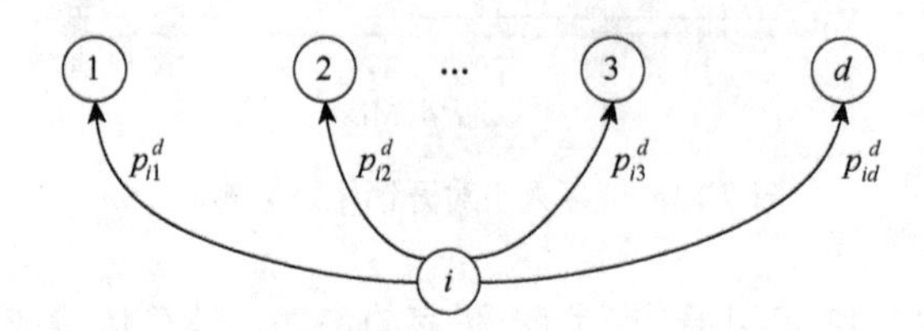

图 7.13 机会网络的半 Markov 模型

令$p_{ij}^d(a)$表示节点i按照路由协议a将消息转发给节点j的概率，它是节点i、j的相遇概率和相遇持续时间的函数，该消息可能是节点i产生的，也可能是节点i中转其他节点的数据，目标节点为d。由于一次消息转发对应于一个状态转换决策，不妨设X_n为决策时刻n时机会网络的状态，那么$\{X_n\}$就是一个内嵌的离散 Markov 链。进一步假设$\{\pi_j(R)\}$为$\{X_n\}$的平稳分布，其中R为状态转换动作集，受协议控制；假定状态j采取动作R_j，并用$c_j(R_j)$表示转换到下一个状态的开销，$Z(t)$为t时刻的总开销，那么[183]

$$\lim_{t\to\infty}\frac{Z(t)}{t}=\frac{\sum\limits_{j\in I}c_j(R_j)\pi_j(R)}{\sum\limits_{j\in I}\tau_j(R_j)\pi_j(R)} \tag{7.7}$$

其中，I为邻居状态集；$\lim\limits_{t\to\infty}\dfrac{Z(t)}{t}$以概率 1 收敛；$Z(t)$是机会路由协议设计的重要影响因素，如时延，它是通过中继节点逐跳转发所需的相遇间隔和相遇持续时间之和。因此，从当前节点i转换到吸收态d的平均时延为

$$E(D_i)=E(T_i)+\sum_{j\in R_s-\{d\}}p_{ij}E(D_j),\qquad i\neq d \tag{7.8}$$

其中，$E(T_i)$为节点i，j的相遇间隔。

各个状态的瞬时概率分布可以通过求解下面的微分方程得到[182]：

$$\frac{\mathrm{d}\pi_j}{\mathrm{d}t}=\pi_j Q \tag{7.9}$$

其中，Q 为状态转换矩阵。

可见，节点在时刻 n 的状态分布、节点之间的相遇间隔和相遇持续时间反映了机会网络在时间和空间维度的特征，对数据传递具有重要影响，后面将通过实验数据集的分析，对这些参数进行深入研究[183]。

这里使用 CRAWDAD 的四个数据集（表 7.1）作为研究对象。

（1）MIT Reality（以下简称 MIT）[184]：记录了 100 个手机用户的蓝牙通信情况，同一时刻出现在彼此通信范围内的两个用户视为相遇。

（2）SIGCOMM 2009（以下简称 SIGCOMM）[185]：记录了 76 位与会人员的蓝牙通信情况。

（3）Unimi pmtr（以下简称 pmtr）[186]：记录了米兰大学 49 个人员携带的移动设备的移动轨迹。

（4）St_andrews sassy（以下简称 sassy）[187]：记录了圣安德鲁斯大学的 27 个实验参与者的通信情况。

表 7.1　实验数据的主要特征

数据集	MIT Reality	SIGCOMM 2009	Unimi pmtr	St_andrews sassy
采集地点	MIT	SIGCOMM 2009	米兰大学	圣安德鲁斯大学
采集时间	2004.7.26～2005.5.5	2009.8.17～2009.8.21	2008.11.13～2008.12.1	2008.2.15～2008.4.29
采集设备	Nokia 6600	MobiClique 终端	PMTR	T-mote invent
设备数量	100	76	49	27
采集间隔	10s	120±10.24s	1s	6.67s

由于 MIT 数据集的时间跨度大、数据样本多，这里只选取前三个月较稳定的数据进行分析，这段时间内的设备数为 74 个。SIGCOMM 数据集包含了外部蓝牙设备的相遇记录，它们会干扰分析结果，在统计前先将其滤除。

7.4.2　节点相遇的空间特征

1. 节点度的分布特征

机会网络中的部分或者全部节点处于持续运动状态，只有当节点进入对方的通信范围时（相遇），才有可能传递数据，这意味着节点与节点之间的连接处于动态建立和断开过程，适合用时间演化图来描述，如图 7.14 所示[188]，各条边上的数字表示该条链路的连通时段。

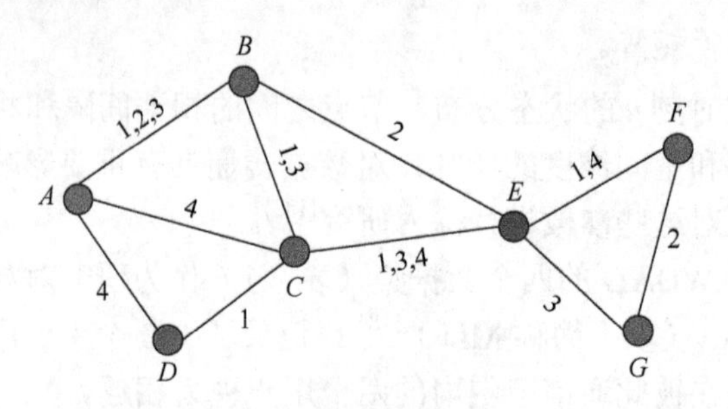

图 7.14　机会网络的时间演化图

在不同时刻，机会网络的瞬时图是不同的，特定时刻与某节点相连的边数用节点度表示，例如，节点 C 在时刻 1、2、3、4 的度分别为 3、0、2、1。节点度的大小反映了网络在该时刻的连通能力：节点度越大，说明该节点与其他节点的联系越广泛，选择中继时有更多的候选节点可选。

统计 MIT 数据集的节点度，并计算节点度在 k 个不相交区间 $\left(\left\lfloor \frac{\min(d_i)}{10} \right\rfloor \times 10, \left\lceil \frac{\max(d_i)}{10} \right\rceil \times 10\right)$ 的频率直方图，其中 d_i 表示第 i 个节点的度，结果见图 7.15（a）。从图中可以看出，节点度分布很不均衡，70%以上的节点度大于 50，说明少部分节点的度很高，它们在数据传输时处于核心地位，称为核心节点；而节点度最小的若干节点和其他节点“来往”很少，称为孤僻节点。对其他三个数据集进行同样处理，得到的节点度的频率直方图与 MIT 的结果类似，分别见图 7.15（b）～（d）。

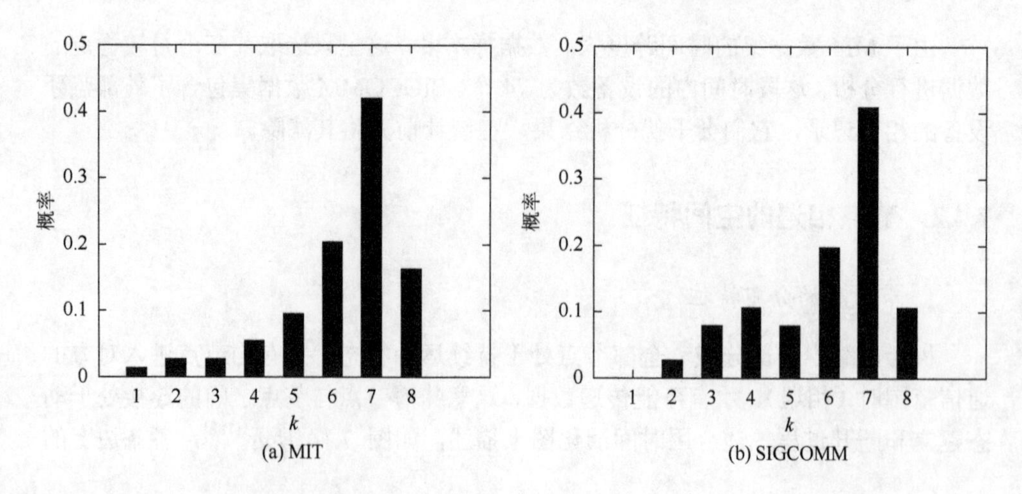

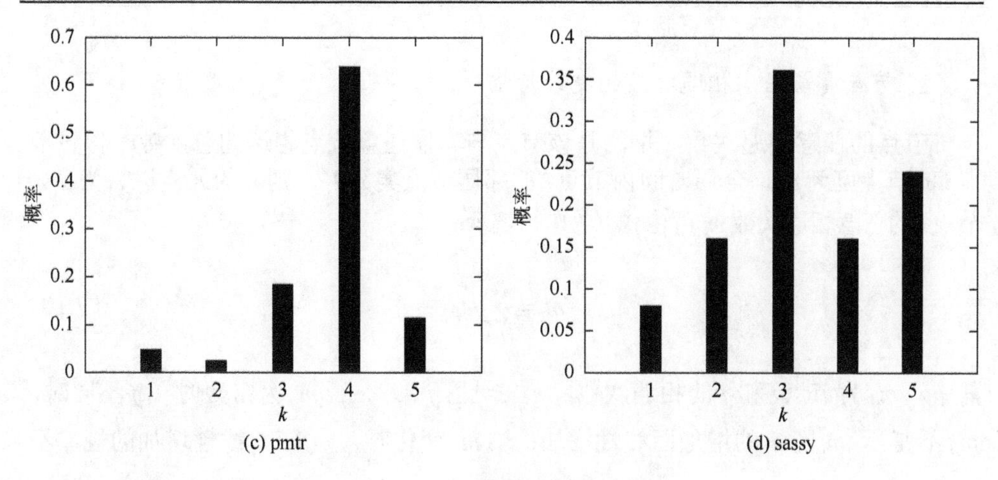

(c) pmtr　　(d) sassy

图 7.15　节点度的频率直方图

为了研究孤僻节点和核心节点对消息传输成功率的影响程度，以 MIT 和 SIGCOMM 为例，在数据集中分别去掉度最小的两个孤僻节点（简称场景 1）和度最大的两个核心节点（简称场景 2），将这两种场景与完整数据记录情况（简称场景 3）的传输成功率随时间的变化情况绘制于图 7.16。由于 MIT 的结果曲线相互缠绕难以辨认，因此将完整结果作为小图置于图 7.16（a）左上部分，而主图则显示所截取出的第 65 天以后的数据。从图 7.16 可以看出，场景 1 和场景 2 的消息传输成功率都比场景 3 的低，如果节点失效等原因导致某些节点无法参与机会通信过程，网络的消息传输成功率将会随之下降。从图 7.16 还可以看出，场景 1 的消息传输成功率比场景 2 的小得多，说明核心节点对消息的转发贡献更大。设计机会路由算法时，应在保证能耗需求的情况下尽量挖掘核心节点带来的通信机会。

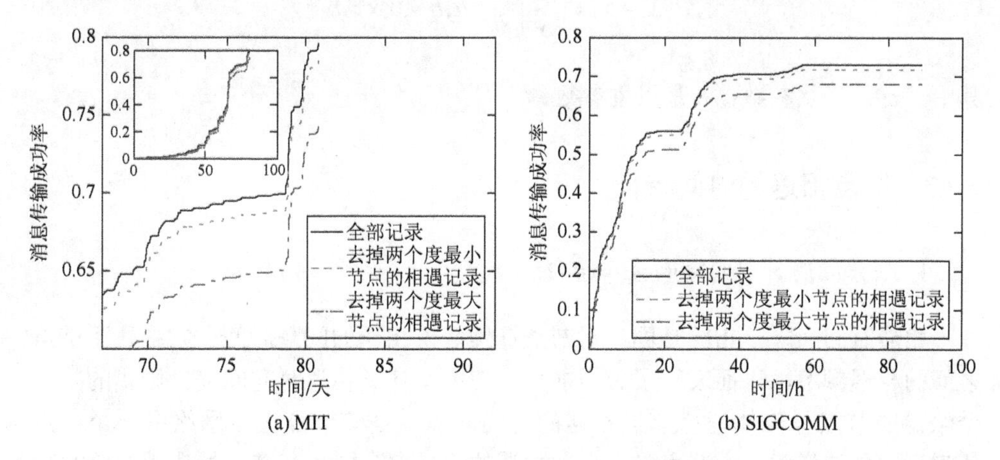

(a) MIT　　(b) SIGCOMM

图 7.16　节点度对传输成功率的影响

2. 节点度与任意相遇次数的统计特征

节点的任意相遇次数，指的是该节点与其他任意节点相遇的总次数。假设节点i的节点度为d_i，全局时间内节点i的邻居节点集为I_i，则I_i的元素数目为d_i。节点i的任意相遇次数m_i可由式（7.10）表示：

$$m_i = \sum_{j=1}^{d_i} m_{ij} \tag{7.10}$$

其中，m_{ij}为节点i和j的相遇次数，$m_{ij} \geqslant 1$且$j \in I_i$。当m_{ij}为常数时（j不同时，m_{ij}不变），m_i随d_i的增加而线性增加；当m_{ij}变化时，m_i随d_i线性增加的规律不再成立。

分别统计四个数据集的任意相遇次数，将各数据集的节点度作为横轴，任意相遇次数作为纵轴，可得到节点度与任意次数的散点图，见图 7.17。从图中可以看出，随着节点度的增长，任意相遇次数非线性快速增加。幂律分布和指数分布都能较好地拟合散点结果，其确定系数（R-square，越接近 1 证明拟合度越高）都在 0.7 左右，但是幂律分布拟合效果更佳，尤其是曲线中部区域。鉴于 Pareto 分布在研究幂律分布时的使用普遍性，可以采用式（7.11）和式（7.12）作为幂律分布的互补累计分布函数[163]，式（7.11）的值可以任意趋近于 0，而式（7.12）不能。

$$P(X > x) = \left(\frac{b}{b+x}\right)^{\alpha}, \quad \alpha, b, x > 0 \tag{7.11}$$

$$P(X > x) = \left(\frac{b}{x}\right)^{\alpha}, \quad \alpha, b > 0; x > b \tag{7.12}$$

其中，α是形状参数；b是尺度参数。

7.4.3 节点相遇的时间特征

1. 任意相遇时间间隔的分布特征

相遇时间间隔，指的是同一对节点连续两次相遇的间隔时间，它描述了节点之间的相遇频率，进而表征了数据的传递速率。任意相遇时间间隔，则指的是一个给定的节点与其他任意节点相遇的时间间隔，是该节点在与网络中一个节点相遇后，再与任意一个节点（与上次相遇的不一定是同一节点）相遇所经历的时

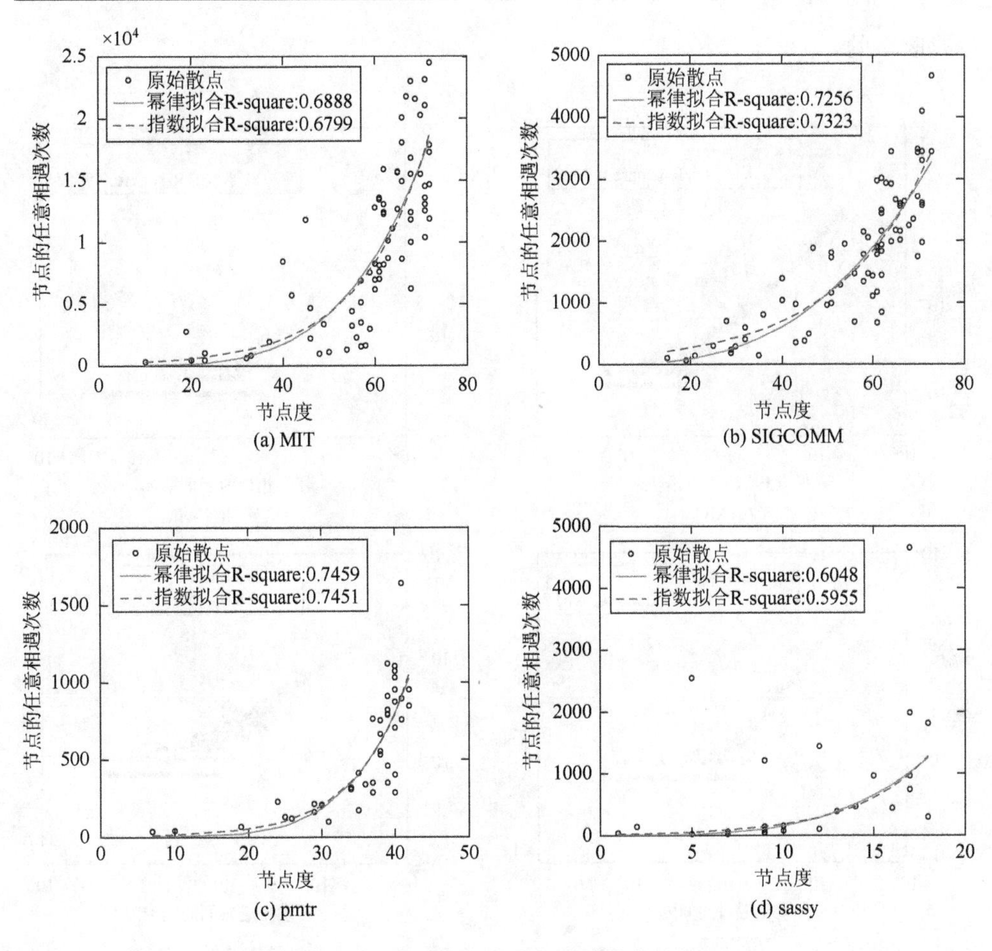

图 7.17　节点度与任意相遇次数的关系

间。尽管已有不少文献对相遇时间间隔进行了研究，但是对任意相遇时间间隔的研究基本没有涉及。

将四个实验数据集的任意相遇时间间隔分布情况绘制在图 7.18 中，为了更清晰地看出其分布特征，采用了 log-log 坐标，横坐标为时间，单位为 s；纵坐标为任意相遇时间间隔处在某个时间段上的概率，例如，图（b）中的第一个点表示任意相遇时间间隔处在（0, 100）这个时间段上的概率，即在（0, 100）上的任意相遇时间间隔数目占全部任意相遇时间间隔数目的比例。从图 7.18 可以看出，任意相遇时间间隔较好地服从幂律分布，这一点和相遇时间间隔的分布很类似。文献[163]表明，如果单个节点对的相遇间隔累计分布函数服从 Pareto 分布（参见 3.2 节），并且所有节点对的形状参数 α 都相同，那么无论相遇频率是什么分布，总体分布的尾部在 t 较大的时候都按照指数为 α 的幂律分布衰减，这与此处的结论是吻合的。

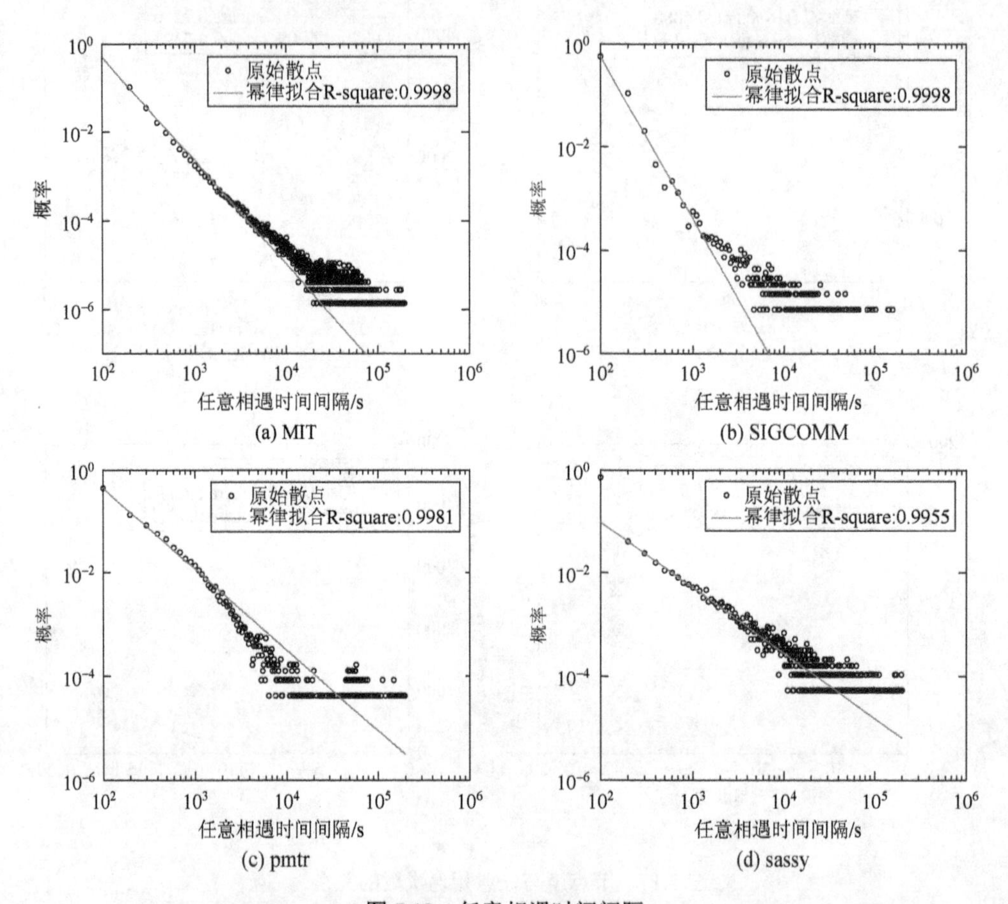

(a) MIT　(b) SIGCOMM　(c) pmtr　(d) sassy

图 7.18　任意相遇时间间隔

2. 相遇持续时间的分布特征

节点对的相遇持续时间，指的是一对节点从相遇到分开所经历的时间(图 7.19)。由于 SIGCOMM 仅仅记录了相遇时刻而无法计算相遇持续时间，这里没有给出。在 MIT 和 pmtr 中，80%以上的相遇持续时间都在 200s 以内，最大值达到 10000s 以上；在 sassy 中，有近 90%的相遇持续时间在 50s 内，最大值超过 1000s。结合 7.4.1 节可知，相遇持续时间的分布很不均衡，绝大部分节点的任意相遇时间间隔都很小，说明节点频繁相遇；多数相遇持续时间都很短，说明节点处于持续运动状态，应该充分把握相遇带来的通信机会方能成功传递数据。从图 7.19 可以看出，相遇持续时间较好地服从幂律分布。

相遇持续时间对消息传输成功率具有很大的影响。与 7.4.2 节类似，在数据集

中分别去掉相遇持续时间小于阈值T_{lower}（场景 1）和大于阈值T_{upper}的数据（场景 2），

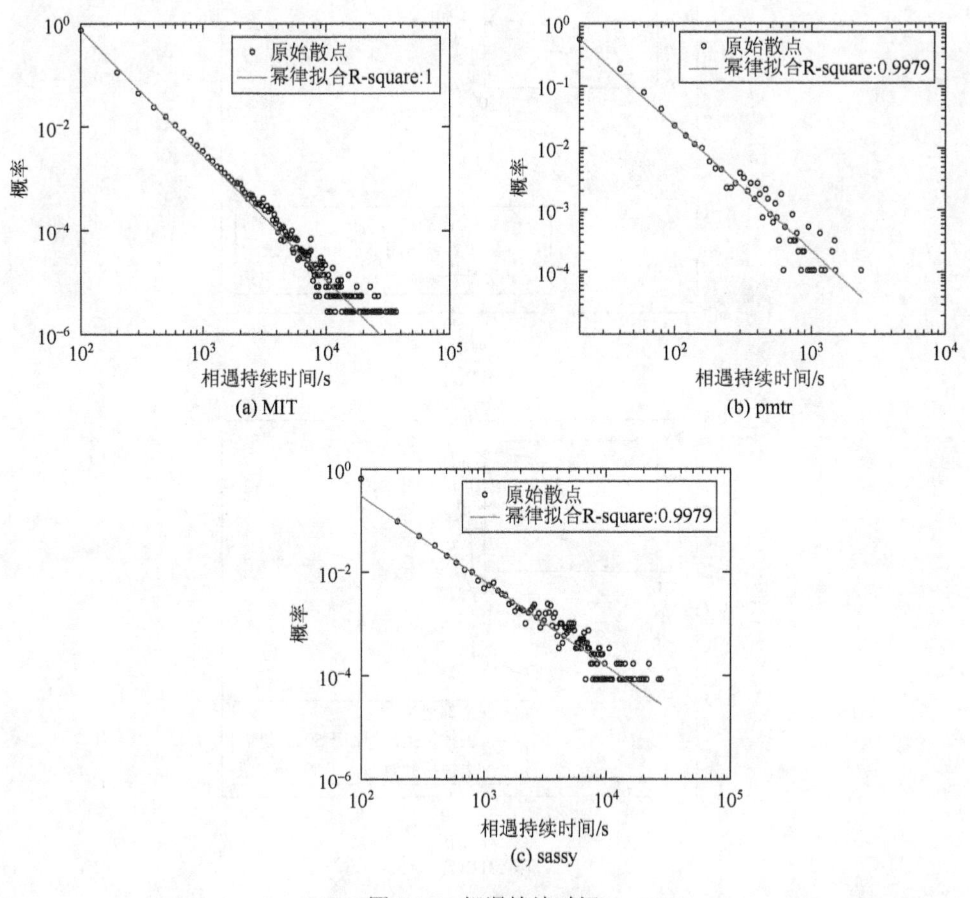

图 7.19　相遇持续时间

探寻这两种场景和完整数据（场景 3）的消息传输成功率，见图 7.20。其中，图（a）、（b）对应 MIT 数据集，其T_{lower}分别为 30s、50s，T_{upper}均为 10min，且参照图 7.16（a）的方法，在主图部分显示截取的时间段内的结果。

去除相遇持续时间大于 10min 的相遇记录（场景 1）后，仅仅比完整数据情况（即场景 3）的 2150 对相遇节点减少了 1 对节点，消息传输成功率基本不变，说明相遇持续时间较长的节点对相遇对消息传输成功率影响不大。另外，去除相遇持续时间小于 30s 的相遇记录后（图 7.20（a）），剩余的相遇节点对数目为 2084 对，消息传输成功率降低了大约 3%；如果将场景 1 的T_{lower}改为 50s（图 7.20（b）），剩余节点对数为 2046 对，消息传输成功率下降近 5%，传输成功率受到一定程度的影响。

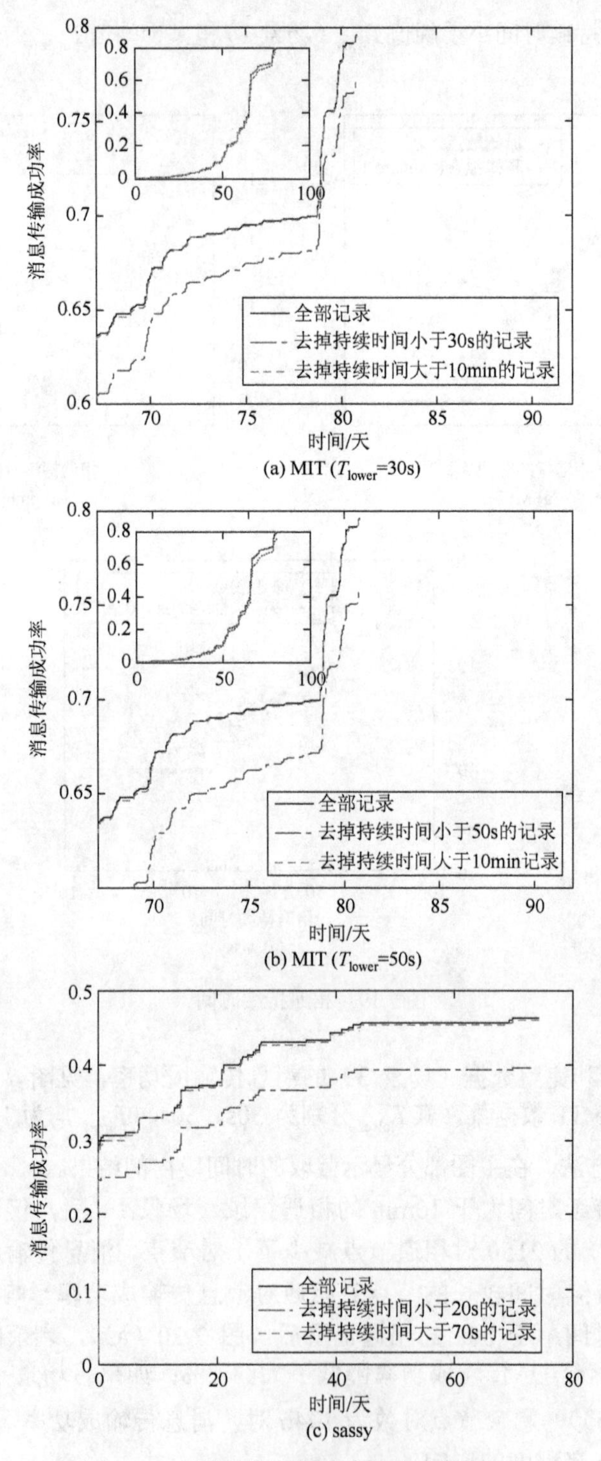

(a) MIT (T_{lower}=30s)

(b) MIT (T_{lower}=50s)

(c) sassy

图 7.20 相遇持续时间对传输成功率的影响

因此，相遇持续时间较短的相遇记录对消息传输成功率有较大影响，而相遇持续时间增长到某个阈值后，继续增长对消息传输成功率的增长几乎没有贡献。有些文献认为将信息传递给相遇持续时间更长的节点能够确保传输成功率的增加[189]，显然这一结论只能在一定条件下成立，即持续时间没有超过阈值。从图 7.20（c）中也可以得到相同结论。

第8章　协作节能传输的工程应用

协作节能传输在工程领域中具有巨大的应用价值，目前已被广泛应用于智能交通、军事侦察、水文观测、智能农业、智能医疗、智能工厂等领域，对于实现监测区域无缝覆盖、监测对象聚焦观测、监测数据可靠传输、监测结果融合分析、监测对象反馈控制的成败和效率具有举足轻重的作用。本章以智能矿山和文化遗产监测两个领域的工程应用为例，探讨了实际应用中的架构体系、数据感知接口引擎设计、信息的感知传输、表示与处理和分析应用。对于监测传感网与现有网络以及其他信息基础设施的集成方法也进行了初步探讨。

8.1　基于语义的矿山物联网

矿山物联网是数字矿山、矿山综合自动化的发展和升华，它以现代传感技术、微机电技术等为感知技术手段，以现代通信技术、信息化技术等为传输技术手段，以云计算和大数据等为应用技术手段，将矿山生产各场景、各环节的物体（对象）互联在一起，动态详尽地描述矿山及生产全过程，以提高矿山企业的生产效率和安全水平。矿山物联网区别于数字矿山或矿山综合自动化的显著特征，是基于无线网络的矿井全覆盖和信息泛在感知。如何在矿井特殊环境实现异构、海量感知数据的可靠传输是实现矿山物联网的前提和保障。为此采用如下思路：采用具有环境认知能力的认知网络架构实现矿山物联网数据的感知，利用基于本体的数据描述方式表达感知数据，利用基于本体的数据描述方式实现现有系统和未来应用的可扩展集成，从而在集成框架下实现矿山物联网信息的协作传输和使用。

8.1.1　矿山认知网络体系结构

在矿井中设计无线通信系统与地面环境最大的差别在于，矿井是一个多分支的狭长巷道系统，其拓扑结构非常复杂，电磁波传输受空间位置和生产作业系统等诸多因素限制[190]。因此，在设计矿山认知网络的拓扑结构时，需充分考虑巷道自身结构因素。煤矿巷道有拱形、矩形、圆形和梯形等多种形状。孙继平的研究结果证明[191]，矿井无线传输受工作频率、导体、巷道截面（包括形状和尺寸）、拐弯、分支、倾斜、风门等影响。工作频率、导体等是通信中的不确定因素，需要根据实际情况进行确定。而巷道截面、拐弯、分支和倾斜等因子则是通信影响因素的不变量或准不变量，一个矿井建设完毕以后就很少变化，可以将它们归入拓扑结构来考虑。

从 2002 年开始，全国主要的大中型煤矿相继进行了综合自动化建设，如兖矿集团济宁三号矿、兴隆庄矿等。因此，多数大中型矿井的井上井下都具备了千兆工业以太网络，部分矿井甚至具备万兆骨干网络，其通信范围涵盖了主要的地面生产办公场所和井下巷道[192-195]。本节的主要目标是建立矿井巷道（而非地面环境）认知网络体系结构（cognitive networks architecture of mines，CNAM）模型，即借助软件无线电和认知无线电技术，构建区域性的环境认知网络（regional wireless cognitive networks，RWCN）；在已有网络中加入主动网络节点，实现知识的发现和收集，自适应地改变网络的 QoS 和行为。这种认知网络能够根据巷道的通信环境自适应地作出改变，并提供接入现有工业以太网络的通信接口，实现井下生产环境的全方位监控和自动调整。

对于长直巷道，应以链状的 Ad hoc 总线拓扑为主。人员易于到达的认知节点采用电源供电，对于这些区域基本不考虑功率控制问题，只需要考虑由于节点的物理损毁导致的通信中断问题，需要的冗余节点比较少。相反，对于人员不太容易到达的位置应该考虑自身功率控制问题。对于巷道分支区域、面积较大的车场等区域，则采用网状型的拓扑结构，每个物理区域组成一个无线通信簇，簇之间的通信由簇头节点负责。图 8.1 为井下巷道中认知网络拓扑结构图，这个结构将认知网络

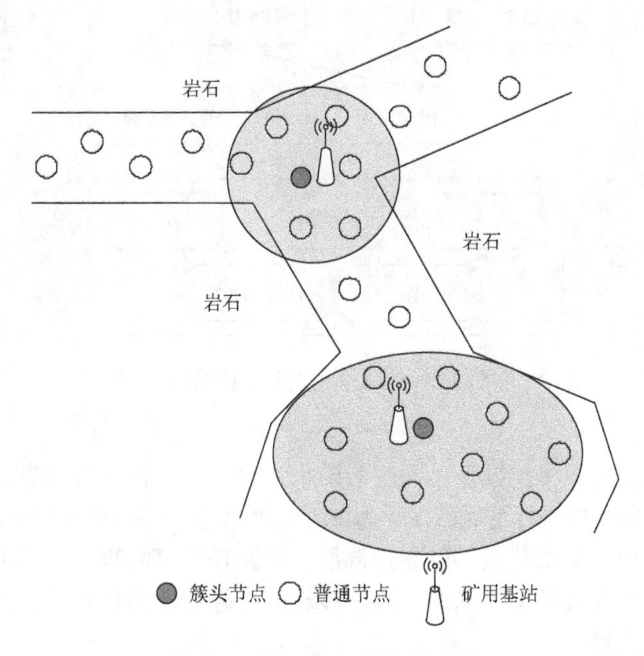

图 8.1　矿山认知网络拓扑结构

和传统的无线通信网络结合起来[196]，没有无线节点覆盖的区域可以通过井下工业以太网使井下各个簇之间互联。

图 8.1 中白色节点为认知网络中的普通节点[196]，主要用来转发数据以及实现本簇内的信息交互。阴影节点为簇头节点，主要用来接收并融合来自普通节点的信息。可以根据一定的算法让网络中的节点轮流充当簇头节点以减小能量消耗（见第 3 章）。如果是基础设施架构，处于矿用基站范围内的节点需要考虑与基站的频谱共享问题，它使用频谱机会的方式接入可用频谱。矿用基站还可以充当网关节点，作为认知网络和工业以太网络的接口，它需要通过矿用无线控制箱对其进行控制，执行信令转换、分配话音和信令时隙。控制箱从数字链路中提取同步时钟，使所有的节点得以同步工作。这种网络结构可以在整个矿井内建立联系，有利于在全局范围内收集节点的相关信息，实现跨簇控制。

CNAM 的功能结构如图 8.2 所示。网络认知节点观测通信环境，进行通信信道估计[197]；然后结合用户要求进行预处理、分类，一方面更新决策库，另一方面进行推理，以便生成动作目标，确定下一步的行动方案。

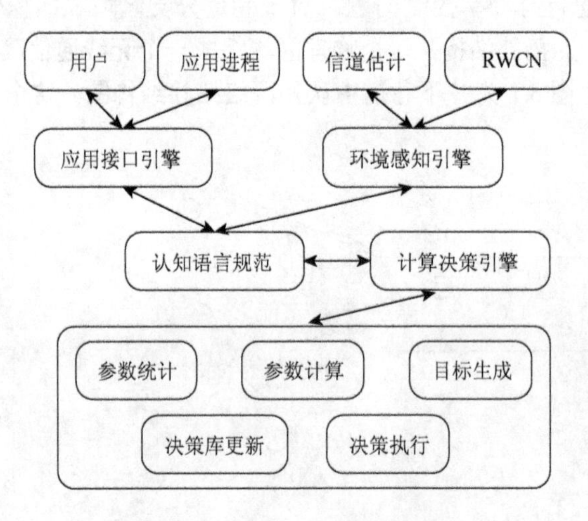

图 8.2　CNAM 的功能结构模型

为了便于实现和保护投资，不应对矿山现有网络组件（交换机、路由器、服务器等）和网络结构进行彻底改变。为此，此处采用一种与覆盖网络相似的方式，在已有网络中加入主动节点，以支持低层中继路径的可编程性；部署区域性的无线认知网络，完成对环境信息的收集；设计一个轻量级的认知语言规范，以支持对用户需求的理解。

8.1.2　矿山认知网络的接口引擎

矿山认知网络的功能主要由三个引擎实现[198]，即环境认知引擎、应用接口引擎和计算决策引擎。环境认知引擎实现信息的感知和采集；应用接口引擎一方面将来自网络的数据交付给上层应用，另一方面接收用户的特定要求和指标；计算决策引擎综合环境信息和应用指标，计算出认知节点的新参数，对节点进行参数重配。

1. 环境认知引擎

环境认知引擎由认知节点实现，进行通信信道的感知和估计。需要感知的环境属性称为认知参数空间，它是由一些可控的模式选择参数组成的集合[199]，解决了区域性认知网络和网络状态传感器应该感知什么的问题，见表 8.1。

表 8.1　CNAM 的认知空间

认知参数	说明
应用类型	比特流量
突发	恒定（CBR）或可变（VBR）
同步	无、实时或准实时
容错性	对参数错配的容忍能力
服务质量	与特定应用相关的服务等级
比特差错	符号差错率
时延	传输时延（退避、排队、信道切换）、抖动
节点缓存	是否溢出（造成分组丢失）
巷道特征	井下巷道参数
几何参数	巷道形状（弯/直/分支）、大小、风门、支架等
外部参数	设备、人员移动等
安全	认证，异常流量
SOP	可用频谱集合

认知节点收集到相关信息后，采用遗传算法中的交叉和突变操作对数据进行处理，将明显偏离实际情况的偶发数据排除（取代最差的基因）[198]。这些被处理完毕后的参数被传递给计算决策引擎。

2. 应用接口引擎

矿山应用不但需要企业经营信息，而且需要来自生产一线的信息，这可通过环境认知引擎进行收集。另外，不同应用在认知网络中传输时，对网络的 QoS 要求是很不一样的，而认知网络能够在不同参数配置集下，提供具有不同 QoS 等级的服务，因此能够应付不同的信道条件[200]。因此，可以将用户的要求和应用类型通过应用接口引擎传递给认知网络，作为其决策的依据。

应用接口引擎将用户的要求转化成符合认知语言规范的描述形式，并且通过应用接口给认知网络传递与特定用户和应用相关的参数[198]，见表 8.2。

表 8.2 用户与应用参数

应用参数	说明
应用类型	语音/视频/文本
带宽	所需带宽的下限
时延	时延下限，抖动容忍度
容错性	对参数错配的容忍能力
重传	发现差错后是否自动重传
缓存	发生溢出和丢失的处理办法
分组格式	载荷格式说明
噪声抑制	噪声抑制等级
加密	数据是否需要加密
优先级	应用的优先级
自定义参数 1	用户的自定义参数
⋮	⋮
自定义参数 *n*	用户的自定义参数

3. 计算决策引擎

计算决策引擎接收来自于应用接口引擎和环境感知引擎的参数和属性信息，它们均以认知语言规范进行描述。认知语言规范设计成 RDF（resource description framework）的扩展形式，可以对对象及其关系进行有效描述（见 8.1.3 节）。

计算决策引擎的工作过程如图 8.3 所示。它首先对接收到的数据作初步统计，过滤掉不关心的数据，生成初步的统计数据和直方图。然后利用遗传算法之类的智能算法进行推理，分析数据中所包含的条件和适应值，结合用户的要求，生成适合特定应用类型的优化目标。为了便于以后的决策计算，需要将本次计算结果存储在决策库中。随后，通知认知节点执行重配操作，改变节点的相应参数，以便和当前的情况相适应。可以重新调整的参数包括发射功率、编码方式、载频、数据速率等。

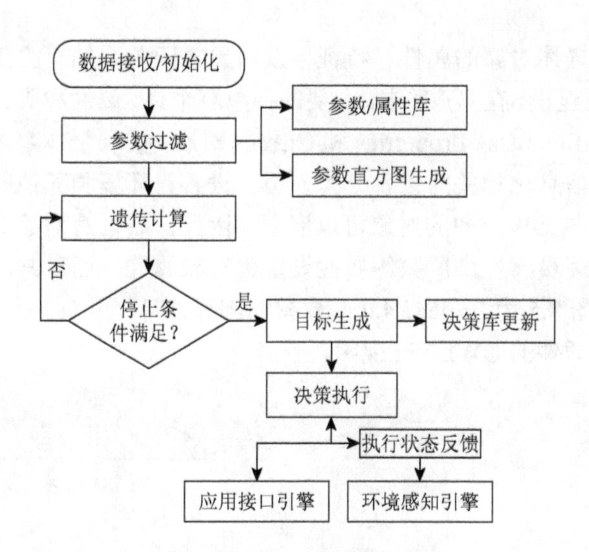

图 8.3　计算决策引擎的执行流程

8.1.3　矿山信息的表示与处理

矿山企业各部门的生产和经营数据主要存储在关系数据库中，为了能被高效地发现、集成、自动处理、共享和重用，从而转化为决策者所需要的知识，就必须给数据赋予语义[201]。煤矿井下的信息都是由设备或人员（统称为对象）产生或采集的，这些信息的大小、传输、处理、展现方式与特定环境下信息的表示方法息息相关。为了便于各种应用之间的交互和共享，这里采用标准化的元数据手段对感知到的信息进行刻画，并用本体描述语言（ontology web language，OWL）进行描述。被描述的事物具有一些属性，而这些属性各有其值，简称对象、属性、值三元组。其中每个陈述都由主体（subject）、谓词（predicate）、客体（object）组成，这里的主体、谓词和客体分别与对象、属性和值相对应。OWL 建构于 RDF 之上，能够对矿井设备和人员进行描述，巷道、设备以及人员、网络在此都被视为某种资源，设备的属性值可以是其他的资源，即资源之间的表示可以嵌套。矿井资源与信息的表示方式如图 8.4 所示[202]。

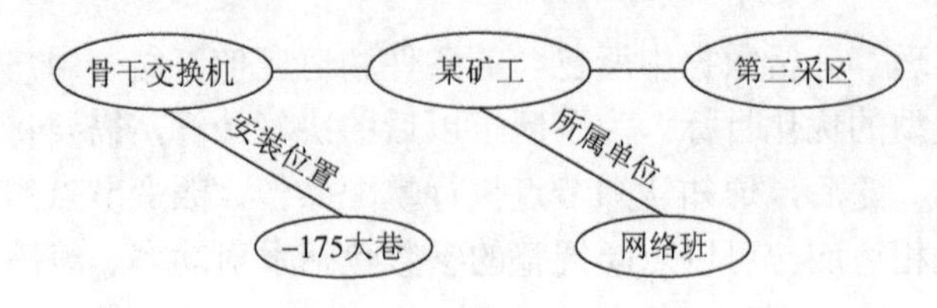

图 8.4　矿山信息的描述

本体是用来描述对象的属性、特征以及对象之间关系的有力工具，这里采用 Protégé 进行本题建模。在 OWL 中，主要的抽象有个体、属性和类三种，在 Protégé 建模中分别用 Individuals、Properties 和 Classes 对应，类和个体都可以有自己的属性。首先将煤矿信息化相关的设备分为人员、设备、环境和其他四个类，设置各自的属性。由于在 OWL 中的对象可以嵌套，因此，属性有对象属性和数据属性之分，设备的管理员、生产厂家等属性设定为对象属性，而正常运行天数等则设定为数据属性。图 8.5 为 Protégé 4.0 中建模的部分信息，图（a）为类视图，图（b）为采用 graphviz 插件的 OWL Viz 视图。

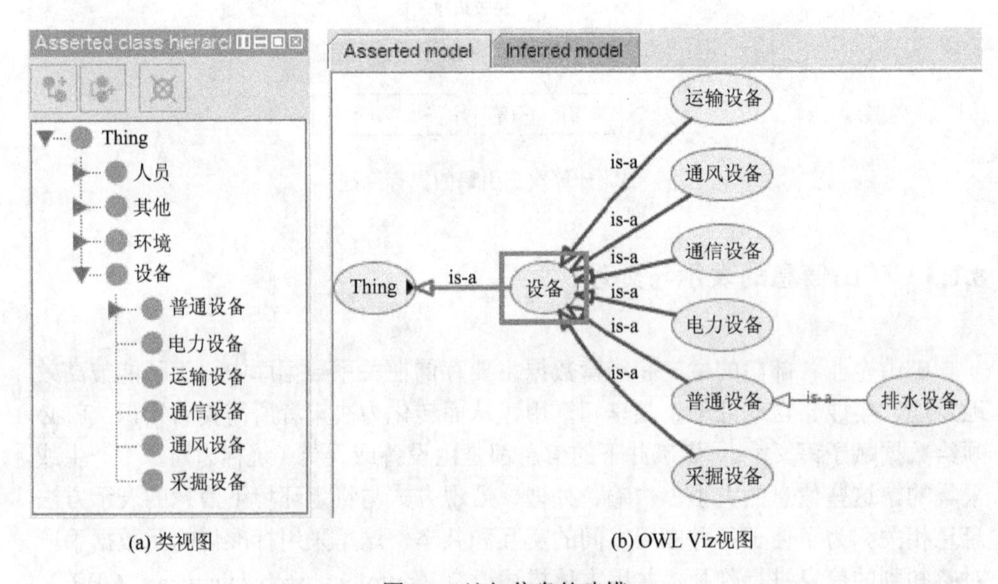

(a) 类视图　　(b) OWL Viz视图

图 8.5　认知信息的建模

本体模型构建好以后，采用 Jena Ontology API 进行处理，以便开发上层应用。Jena Ontology API 为语义网应用程序开发者提供了一组独立于具体程序设计语言的编程接口，支持 OWL Full、OWL DL、OWL Lite 和其他的本体语言，如 RDFS、DAML+OIL。使用 Jena 对本体模型的操作包括导入子模型、获取模型中本体的信息、操作本体属性以及将本体的表示输出到磁盘文件等。此处所使用的本体是从

OWL 文件（由 Protégé 产生）获得的，也就是说是从磁盘读取的。读取的方法是调用 Jena OntoModel 提供的 Read 方法。

认知信息的预处理、存储、查询统称为认知信息的处理，其传输由单独的系统构成，是基于内容传递网络（content dilivery networks，CDN）构建的。认知信息处理系统设计为客户/服务器（client/server，C/S）与浏览器/服务器（browser/server，B/S）相结合的三层体系结构。客户端包括两部分：一部分是 Protégé 本体建模器；另一部分是客户查询器，是系统的数据可视化部分，采用 Web 方式。用户按照一定的规则输入检索词，经过系统的处理后，返回列表或图形化的查询结果。查询的处理等功能均由服务器端完成，包括信息过滤、存储接口、检索词匹配等模块，如图 8.6 所示。

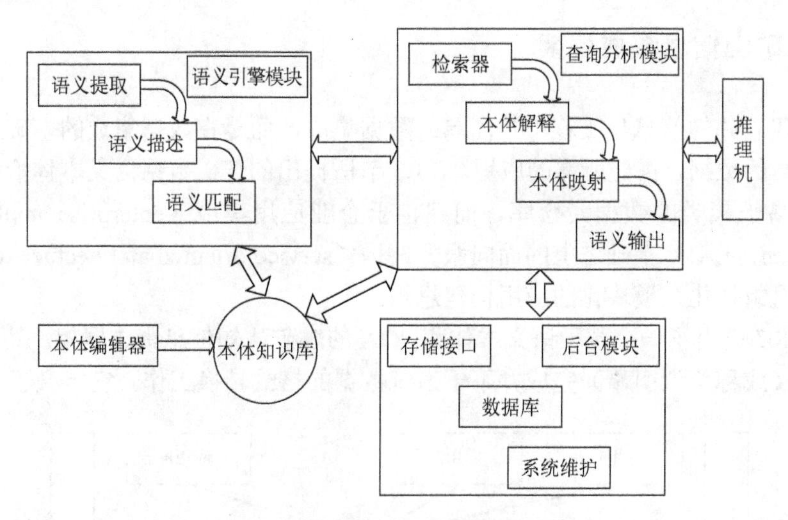

图 8.6　认知信息处理系统

查询时直接采用 Jena 提供的 Model、Resource、Query 等接口，它们可以用于访问和维护数据库里的 RDF 数据，查询利用 D2R MAP 和 Joseki 实现。D2R MAP 是一种声明性语言，描述关系数据库 schemata 和 OWL/RDFS 本体之间的映射，它将一个关系型数据库中的数据输出为 RDF、N-TRIPLES 或 Jena Models。Joseki 是 Hewlett-Packard 提供的开放源代码的 SPARQL 服务器。

查询分析模块包括检索器、本体解释、本体映射、语义输出四个部分。为了支持语义查询，需要根据本体知识库及领域知识创建本体规则库。用户在客户端按照自己的需要输入检索词，本体解释器根据规则库进行语义转换和解释，然后交由本体映射部分转换成符合本体数据库格式的查询语句，查询的结果经由客户端界面输出。

语义引擎模块包括语义提取、语义描述、语义匹配三个部分。语义提取部分用于从一些已有的数据源中提取有用信息，并转化成 OWL 格式，与本体编辑器创建的本体一起存储于本体库中。语义描述部分根据相关领域的本体类、语义属性、语义关系以及语义规则，负责对指定的信息资源（如非结构化、半结构化、结构化）用 OWL 进行信息的语义描述[203]。语义匹配部分则用于辅助查询和存储。

后台模块包括存储接口、关系数据库、系统维护等组成部分，主要用于信息的存储以及系统的维护，并进行统计分析。数据库可以选用 SQLServer 等商用数据库，也可以选择 MySQL 等免费开源数据库。为了保证本体之间的一致性，并且为用户提供丰富的相关信息服务，设计中可以采用 Jena 提供的推理机结合自定义的规则库进行更广泛的推理，从而得到更好的信息查询结果。

8.1.4　矿山信息集成框架

现代矿井的信息化工程不是简单的数据集成，而是在数据集成的基础上快速聚类不同的数据，搭建所需的应用。8.1.3 节所提出的煤矿数据语义本体恰好有助于构建易于聚类的数据元仓库，而建构于企业应用集成（enterprise application integration，EAI）基础之上的面向服务架构（service oriented architectue，SOA）则可满足组件化、模块化的应用构建思想。

图 8.7 给出了一个基于语义本体和 SOA 的煤矿认知信息集成框架。其中，规约引擎（或称协议引擎）完成井下子系统数据的格式转换工作。它定义了各种灵

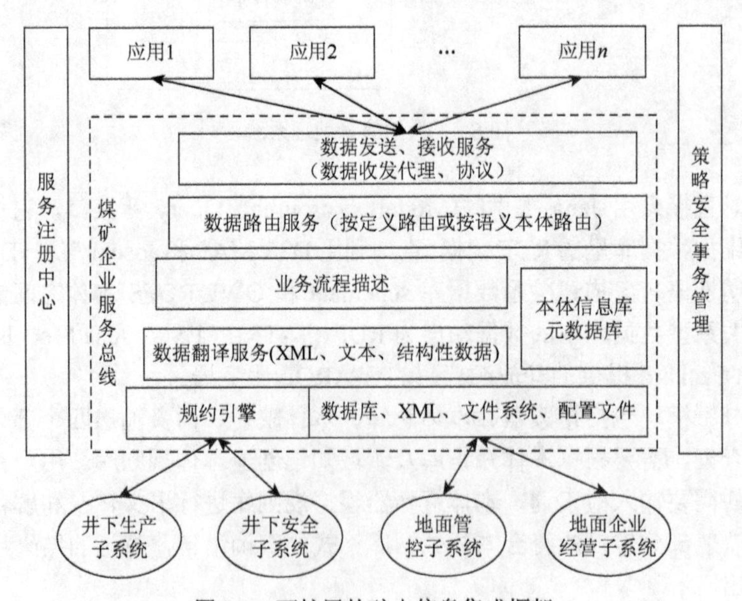

图 8.7　可扩展的矿山信息集成框架

活的数据类型、动作和事件，完成各种规约的解释，保证了通信规约解释的统一性、独立性和可扩性。当进行远程控制时，用户的控制命令由规约引擎完成数据的封装。另外，由于已有的部分经营管理系统、办公系统同样会产生数据，因此也存在数据统一管理的问题，不过这类应用的数据一般是以关系数据库、可扩展标记语言（extensible markup language，XML）或其他类型的配置文件展现出来的。数据集成后，可以达到基础资源共用、增强系统可用性和可维护性的目的，节省了系统的扩展升级和运行维护成本。

图 8.7 所示的框架除了支持异构数据集成之外，最大的好处是可以支撑新应用的开发。数据集成后，通过数据翻译服务将各种异构数据转换成 XML 格式；数据内容大时，也可以转换成其他形式的结构化数据，以提高通信性能。随后由自动学习机（根据需要可手动或半自动的方式进行协助）根据预设的模式提取语义本体和数据元，形成本体信息库（ontology information base，OIB）和元数据库（meta data base，MDB）。OIB 描述了数字化矿井中各个系统之间的关系和层次，同时给出了各自的属性和值约束[204]。同时，本体显式描述了潜在信息的语义，并定义了本体之间的关联和映射关系，以支持服务开发和交互。用 MDB 描述数据的语义特征，包括词汇和语义关系，它被用来在互联系统间交换特定子系统的信息。OIB 和 MDB 都是煤矿企业服务总线（enterprise service bus for colliery，ESBC）的核心组成部分。

业务流程描述是新应用开发的表述规范，用于使业务流程自动化。它采用业务流程执行语言（business process execution language，BPEL）把系统已有的服务整合起来，并且是按照所需流程进行整合。数据路由模块（或称内容路由系统）与传统的路由器功能存在相似之处，都是将内容按照一定的策略转发给特定的接收者，只不过此处的路由终点是各个应用系统，而非网络节点。数据发送、接收模块实现内容的收发。

井下设备一般采用 PLC 或智能分站进行数据采集，具有以太网络通信接口，其他的接口方式可以通过转换器进行通信接口转换。集成平台必须具有子系统无缝集成能力，为它们提供统一的数据接口。每个子系统用一个软件适配器与综合监控平台进行数据交互。这类子系统的集成难点在于子系统的通信规约烦琐，表现在：不同厂家有不同的规约；不同厂家对同一种规约有不同的实现方式；同一厂家的新老设备规约也各不相同；同一型号设备随出厂日期不同规约接口也有可能不同。因此，前面提及的规约引擎是生产信息集成的前提，即数据集成调用或数据集的创建，这是矿山认知信息集成的第一个层次，如图 8.8 所示。目前，国家安全生产标准化技术委员会正在制定“矿山安全生产物联网信息交互”系列标准，基于该标准实施矿山物联网，接入与交互的问题将能够得到较为圆满的解决。

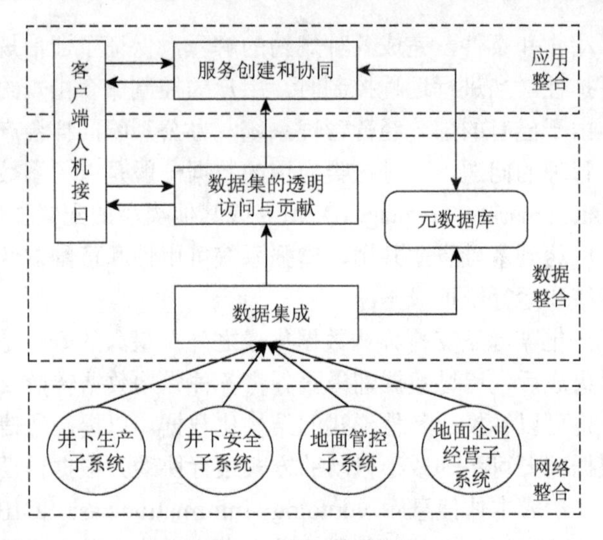

图 8.8　矿山信息集成的层次

地面应用系统的数据一般都是结构化的形式，不存在规约引擎问题。集成的目的主要是将煤矿业务信息的处理与矿山生产中的自动化过程的控制结合起来，形成综合全面的控制与信息管理系统，为办公人员和各级领导提供查询和访问支持。这类集成被称为数据集的透明访问，是矿山认知信息集成的第二个层次。

矿山认知信息集成的第三个层次是数据集的透明访问和语义约束下的互操作，这类问题可以抽象为服务的创建和协同。它利用 SOA 跨平台、跨语言、高效、可扩充等优点，在基于语义本体和 SOA 的认知信息集成框架下进行数据的集成和服务的动态创建与绑定。

可见，进行矿山信息集成时必须包括三个方面的资源整合：其一是网络整合，即利用 TCP/IP 整合多种网络协议；其二是数据整合，即利用存储网络和通用的数据格式实现数据整合；其三是应用整合，即利用服务实现信息和资源的共享[205]。

根据上述分析，可以将部署过程分为三个阶段：矿山综合自动化阶段、本体抽取和元数据库创建阶段、服务与应用整合阶段。

（1）综合自动化阶段。

将信息的采集、传输、处理集成到同一个网络传输平台，同时进行矿山综合自动化软件平台建设。这个阶段的任务主要有两个：一是将异构数据源的数据通过规约引擎等工具进行规约转换，实现数据的无缝集成；二是搭建一致的信息传输平台，摒弃一个系统一个传输通路的建设方式，形成井上井下统一信息传输通路。通过本阶段的实施，用户能够以图形化、表格化的方式对井下设备的运行情况进行初步判断和分析，形成对设备的就地、地面和 Web 三级监视和控制。在 Web 方式中，为了安全起见，一般不将控制功能提供给远程用户。

（2）本体抽取和元数据库创建阶段。

将矿山企业长期形成的数据按照某种方式抽取出有意义的部分，形成 OIB 和 MDB，可以有效地解决知识工程中知识共享和知识重用两大重点问题。本体的抽取的方法如下[206]：①确定范围；②考虑复用；③列举术语；④定义分类；⑤定义属性；⑥定义侧面；⑦定义实例；⑧检查异常。这个阶段是矿山知识的获取、存储和维护的过程，需要高效的本体定义工具和元数据检索方法。

（3）服务与应用整合阶段。

实现服务的方式是：先实现单独功能的服务，然后进行面向服务的集成，进而开展全矿范围内的按需业务转换。服务集成时需要在语义异质上架起桥梁，共享基于 Web 的服务，而这又取决于服务接口和交互模式设计得是否良好。

总之，考虑到矿山物联网的异构性和不稳定性、与现有的网络管理系统的互操作性以及数据来源的多样性等异构特征，进行矿山信息集成和应用开发时需要注意以下几点[206]：

（1）定义统一的数据类型格式和通用的数据对象模型；

（2）提供标准的数据访问接口，支持多种类型的数据和关系数据库的记录和访问；

（3）定义统一的应用服务接口规范和访问策略；

（4）支持多种服务接口和通信协议，从而实现跨应用的服务重构；

（5）支持多种组件技术，可以通过组件接口调用服务功能，也可以通过服务接口调用组件功能；

（6）提供业务建模工具，以便各煤矿定义适合自己的组织结构、可用资源和业务流程。

8.1.5 矿山物联网信息的传输

在矿山物联网中进行信息传输需要解决诸多问题[207, 208]，其中最重要的是要将路由选择以及环境感知和决策协调进行，使得路由选择模块能不断认知矿井巷道的物理环境，以便作出更为精确的决策，这已在前面章节介绍过。其次，需要定义适合于矿山物联网环境的路由指标，将传统的端到端路由质量指标（如带宽、吞吐量、时延、能量效率和公平）与一些新的指标结合起来，如路径稳定性、频谱可用性等。也就是说，矿山物联网中的路由选择是在多个 QoS 约束的条件下进行的，而这是典型的 NP 完全问题。同时，矿井通信环境的动态时变性使得通信系统不太可能对通信参数进行准确预测，而是需要自适应调整。因此，用启发式算法（如遗传算法）来解决矿山物联网中的数据传输问题较为方便。

假定网络中有 N_S 个认知用户节点 CR，N_P 个主用户节点 PR。它们都被假定为静止不动的节点[209]。每个 $\mathrm{PU}_p(p=1,\cdots,N_p)$ 都有一个载波频率为 f_p 的授权频带，用 c_p 表示，其发射覆盖范围为 CA_p（不失一般性，假定范围为圆形）。用二进制随机变量 b_p 表示 PU_p 的活动状态：

$$b_p=\begin{cases}1, & \mathrm{PU}_p\ \text{是活动的}\\ 0, & \text{其他}\end{cases} \tag{8.1}$$

为了实现方便，每个 CR 节点只配备一套收发器，因此只能同时在一条信道上监听，控制信息与数据信息均通过这套收发器传输。节点可以切换信道，如利用 802.11DCF 作为 MAC 层协议，而不对 MAC 协议作任何改变[210]。

把每个主信道建模为一个开关模型，表示主用户是否占用该信道[211]。假定每个主信道独立地改变其状态，那么可以用式（8.1）表示信道状态。开关模型也被称为交互更新过程。

由于采用蚁群算法，节点在需要发送数据时需主动向网络派出 Z 只寻路蚂蚁[212]，已经被蚂蚁访问过的节点组成禁忌节点集 $J=\{j_1,j_2,\cdots,j_{\mathrm{Nvisited}}\}$，在蚂蚁寻找下一跳节点时，需要将 J 内的节点排除在外。在数据传输过程中，时延包括三部分，即[213]

$$D_{\mathrm{node}}=D_{\mathrm{switching}}+D_{\mathrm{queueing}}+D_{\mathrm{backoff}} \tag{8.2}$$

其中，$D_{\mathrm{switching}}$ 为切换时延，其大小与两条频带之间的间隔有关。一般而言，对于 20MHz～3GHz 的频谱，每 10MHz 间隔的频谱切换时间为 10ms。D_{queueing} 为排队时延，与队列大小和可用频谱的带宽有关。当节点竞争频谱资源时，将进入退避（backoff）进程，从而带来退避时延 D_{backoff}。

为了进行路由选择，每个节点都需要保存一些信息，包括信息素、启发性愿望、转换概率、可用信道列表。信息素表示蚂蚁由节点 i 走到节点 j 时遗留的信息，用 τ_{ij} 表示。信息素在蚂蚁经过时会增加，而以前蚂蚁所累积的信息素会随着时间的推移而挥发减小。信息素的更新如下：

$$\tau_{ij}(t+1)=(1-\rho)\tau_{ij}(t)+\Delta\tau_{ij}(t) \tag{8.3}$$

其中，ρ 为挥发系数，表示信息素挥发的快慢，是一个[0, 1]区间内的值，为 0 时表示不挥发，为 1 时表示全部挥发；t 为迭代次数；$\Delta\tau_{ij}(t)$ 表示上一次迭代时，蚂蚁在该路径上留下的信息素，定义如下：

$$\Delta\tau_{ij}(t)=\sum_{k=1}^{Z}\Delta\tau_{ij}^k(t) \tag{8.4}$$

$$\Delta\tau_{ij}^k(t)=\begin{cases}D_{\mathrm{path}}/L^k, & \text{第}\,k\,\text{只蚂蚁在第}\,t\,\text{次循环中经过路径}\,(i,j)\\ 0, & \text{其他}\end{cases} \tag{8.5}$$

其中，D_{path} 为第 k 只蚂蚁完成第 t 次迭代后所得路径 P 的总时延；L^k 则为路径 P 的总长度。

启发性愿望表示选择下一节点的愿望，用 η_{ij} 表示，定义为

$$\eta_{ij} = D_{\text{node}} / L \tag{8.6}$$

其中，D_{node} 为节点 i 的时延，由式（8.2）计算；L 为当前节点到选定的下一跳节点之间的链路所对应的数据缓存的大小。信息素包含的是蚂蚁长期以来所累计下来的信息集合，而本地链路队列的状态和时延所决定的启发性愿望是流量状态的短期记忆。

节点根据概率转换规则，选择转换概率最大的节点作为下一跳。蚂蚁 k 从当前节点 i 移动到节点 j 的转换概率为

$$p_{ij}^{k} = \begin{cases} \dfrac{[\tau_{ij}(t)]^{\alpha} \times [\eta_{ij}]^{\beta}}{\sum\limits_{l \notin J^{k}} [\tau_{il}(t)]^{\alpha} \times [\eta_{il}]^{\beta}}, & j \notin J^{k} \\ 0, & j \in J^{k} \end{cases} \tag{8.7}$$

其中，α、β 分别为挥发因子和启发因子，前者表示残留信息的相对强弱，反映的是随机性因素所占的比重，后者则表示启发性愿望的重要程度，反映的是确定性因素所占的比重。

基于蚁群算法的认知路由协议包括路由发现、路由响应和路由维护三个阶段。在协议的运行过程中会产生路由请求（RREQ）、路由回复（RREP）和路由错误（Route ERRor，RERR）三种消息。当源节点想要发送数据到某个目标节点时，它首先广播一条 RREQ 消息，尝试寻找一条到目标节点的路由。RREQ 到达目的端之后，由目的端发送一条 RREP 消息作为回应，沿着 RREQ 相同的路径反向回到源节点。RRER 则用来进行差错处理。按需路由算法的控制流程如图 8.9 所示[214]。

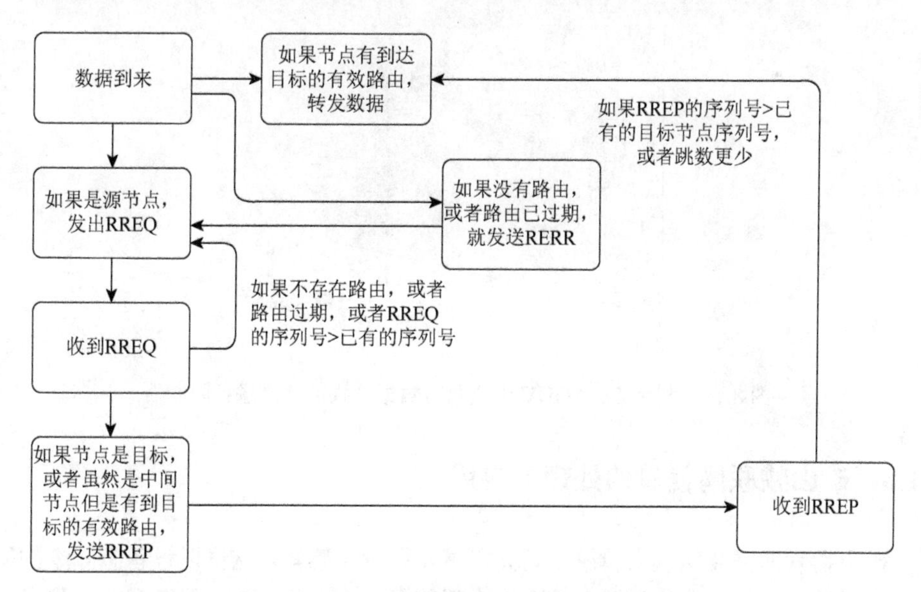

图 8.9　基于蚁群算法的按需路由算法流程

算法在选路过程中不但要受路由指标的影响，还要考虑频谱和数据流的分布情况。对于此类问题的求解，Lu 等提出了一种基于遗传算法的多目标优化算法[215]。此处采用 RREQ 消息捎带 SOP 信息[216]，RREQ 消息到达中间节点时，将自己的可用 SOP 信息加入 RREQ，然后在自己每个可用的频带上广播。目标节点收到 RREQ 后，就知道了路径上所有节点的 SOP 分布情况，于是它为自己的认知无线电收发器分配一个频带。然后，它产生一个 RREP，并将刚才分配的频带包含在频带分配列表中，沿着 RREQ 的路径反向单播给源节点。中间节点在收到 RREP 后，从中提取出已分配频带节点的频带选择结果，同时根据前面接收到的 RREQ 信息，为自己分配一个合适的频带。随后，节点通过其认知无线电收发器建立起到达目标节点的路由，并产生新的 RREP 消息。

此外，矿井巷道中的无线节点多数不是地面环境中的完全随机拓扑，而是具有一定的方向性和角度性。为此，我们采用 Vasil 等在 GeoAODV 协议的基于地理位置的算法思想[217]，将数据的广播限制在一定的角度（洪泛角）之内。

如图 8.10 所示，中间节点（节点 1）在收到 RREQ 之后，除了普通 AODV 的验证流程之外，还需要根据源节点坐标、目标节点坐标以及洪泛角，确定自身是否位于路由发现搜索区域之内，只有同时满足验证条件和搜索区域条件的 RREQ 才被转发。

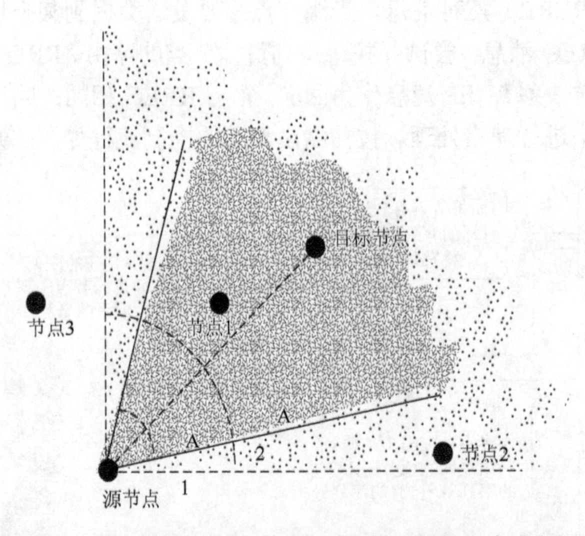

图 8.10　利用 GeoAODV 洪泛角对数据广播的角度进行限制

8.1.6　矿山物联网信息的处理与应用

矿山物联网需要实现人员感知、灾害感知和设备感知，这里以设备感知中的矿区电力系统感知为例进行探讨。矿区电力系统是一个分布面广、设备量大、信息参数多、运行环境复杂的系统[218]。以山东省某矿业集团矿区电网为例，该矿业集团拥有 35kV 变电站 8 座，6kV 变电站 3 座，承担着辖区内六对生产矿井及周边地区的供电任务，电网覆盖地区半径 35km。随着集团公司业务对安全高效供电的要求进一步加强，以前的系统逐渐暴露出操控的局部性和参数少、协调性弱的劣势，需要一套综合的矿区电网感知与调度系统对变电站和电网进行实时感知和深度挖掘，用以对生产负荷进行科学预测，指导调度人员快速准确地对突发事故进行处理。

该系统结构如图 8.11 所示。所感知到的现场设备（各类开关、变压器等）的状态信号通过通信线路传输到监控中心后，通过前置机的通信端口进入前置机软件，前置机软件对这些数据进行管理和传输。前置机是整个系统的控制与管理中心，收集并保存来自现场自动装置的实时数据，并自动存入数据库中。后台工作站具备完善的实时数据、历史数据处理和报表打印功能，完成对 RTU（remote terminal unit，即远程终端单元，有时也称远动终端。）设备的遥测、遥信、遥控、遥调操作，实现矿区电力调度自动化。

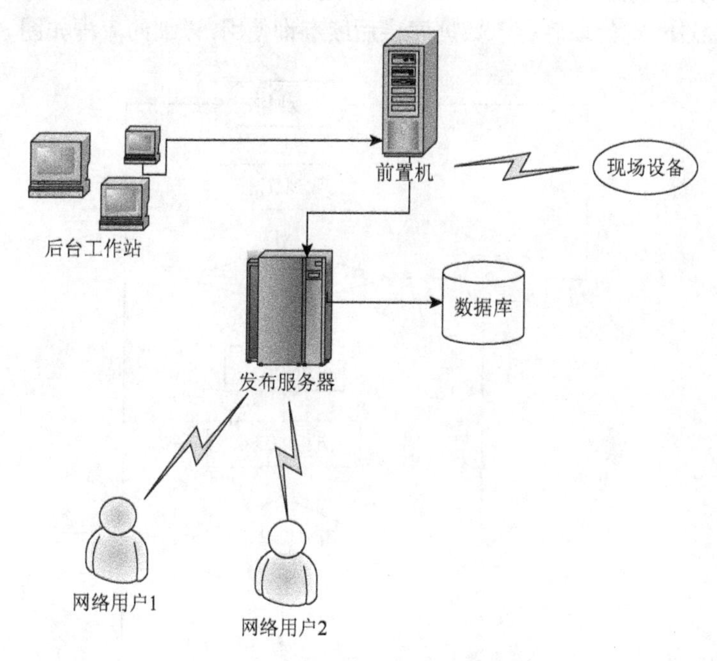

图 8.11 矿区电网感知与调度系统结构图

整个系统包括三个子系统，即数据采集子系统、设备状态跟踪子系统和历史曲线子系统。除了数据采集子系统以外，另外两个系统都使用网络浏览器浏览，通过索引界面进入各个模块。

1. 数据采集子系统

系统中的全遥信报文、遥信变位报文、遥测报文等由远动终端通过通信网络发送到前置机，通过前置机的数据管理软件以 UDP 协议的方式发送给数据采集子系统。遥控报文刚好相反，当用户在界面上进行了某种遥控操作以后，该操作将按照系统设备能够识别的协议格式（表 8.3）打包，然后通过前置机向执行器件发送。

表 8.3　遥测、遥测、遥脉信号间通信协议格式表

名称	标志	长度	类型码	源 IP	目的 IP	RTU 号	遥信数	遥测数	遥脉数	遥测地址	变后值
字节长度	1	2	1	1	1	1	2	2	2	2	2

表 8.3 中，标志字段是数据的起始标记，标志着一个新数据的到来。长度字段表示有效数据的真实长度，类型码指出本次数据是何种类型（遥信/遥测/遥脉）。数据采集子系统运行后，开启监听线程，判断是否有广播数据在发送；若有数据，就将它接收，经过一定处理后存入数据库供后续查询使用，详细的流程如图 8.12 所示，

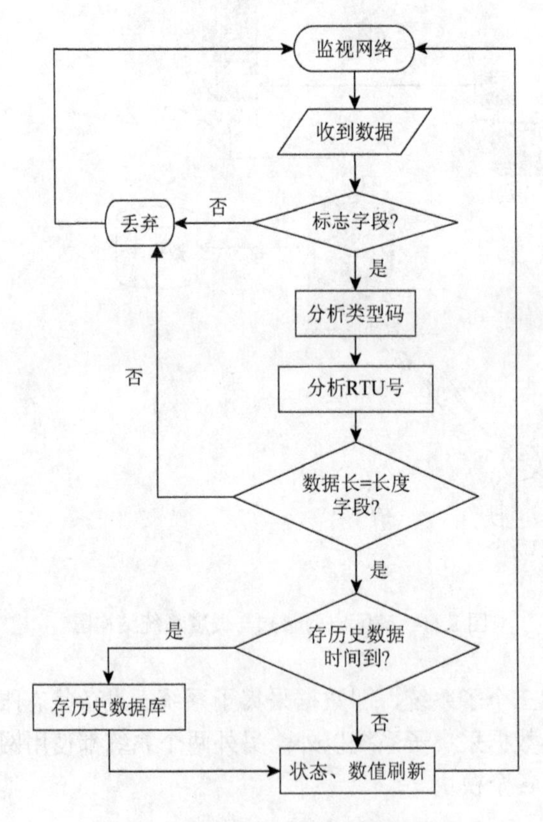

图 8.12　数据采集子系统工作流程图

其中，类型必须判断准确，否则所接收的数据将没有任何意义，判断时应严格按照协议字段定义的长度进行计算。

2. 设备状态跟踪子系统

设备状态跟踪子系统的主要目的是让远程和本地用户通过网络实时监控现场电力设备的运行状况。在设计中尝试了两种设备状态实时显示方式。一种方式是利用 Flash 制作工具设计一幅包含所有设备线路的动画，在动画中把感兴趣设备的状态设置为变化量，它们根据接收到的数据进行更新。这种方法的好处是可以利用 Flash 制作工具的图形处理功能，且各种图形均是矢量格式，修改、缩放不会变形和失真。但是，如果用户的浏览器没有 Flash 播放插件，就无法使用该系统；同时，当数据量大、更新频繁时，容易导致页面长时间没有反应，甚至导致死机现象。

另外一种方式是利用遥信数据控制开关设备的状态，利用遥测数据显示模拟设备的数值。监视开关状态时，由遥信状态控制在某一时刻到底应该显示哪张图片（图 8.13）。为了方便以循环的方式处理数据，利用两个数组分别存储遥测和遥信数据，利用数组索引与设备进行对位。同时，为了降低刷新时的闪烁现象，采用 AJAX（asynchronous javascript and XML）技术，尽量只刷新有变化的部分，而不是全部刷新。这样不但降低了闪烁，而且加快了刷新速率。

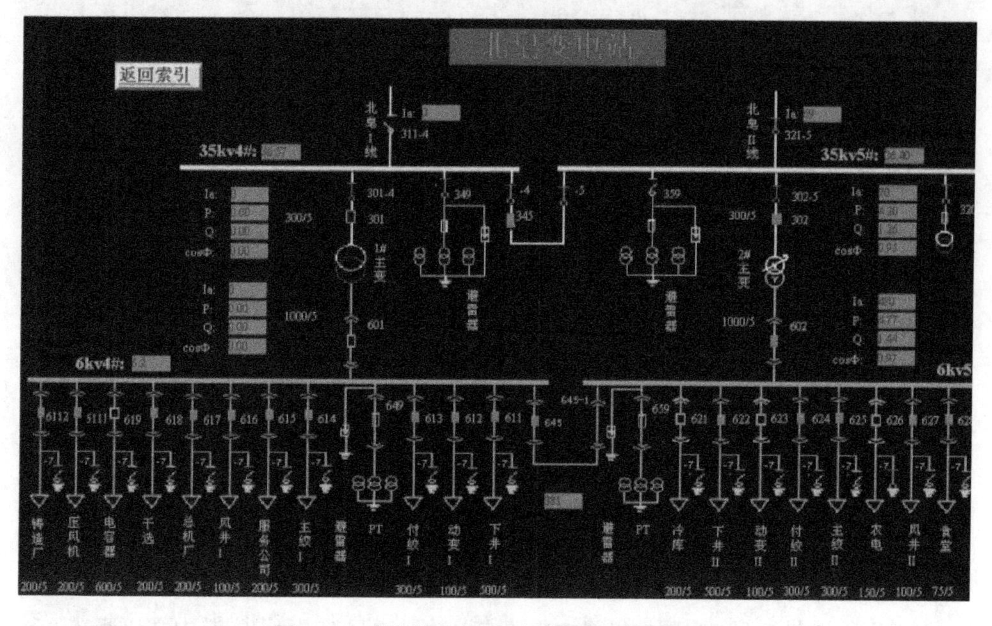

图 8.13　设备状态跟踪子系统显示结果示例

3. 历史曲线子系统

历史曲线是反映整体负荷的重要依据。供电工区及上级领导通常需要了解整个矿区的用电量，用电的波峰波谷分布情况，以及各个时段的对比情况，以便为设备的维护、发电量的增减作出决策。为此，必须设计一套实时曲线绘制系统，以反映数据的实时变化，要求画面刷新速度快、稳定无闪烁。

为了解决目前设备差别大、实时性要求高等难题，我们在综合采用 DHTML（dynamic HTML）、VBScript、ASP.net 等技术的基础上，创造性地使用了 VML（vector markup language）技术。VML 相当于浏览器中的画笔，能快速绘制所需图形。如果与脚本语言结合，还可以让图形产生动态效果。这种实现方式不但解决了以往面临的普遍难题，而且绘制的曲线快速高效、规则美观。

在实现过程，利用 DHTML 解决页面布局问题，使用 ASP.net 和 VML 进行坐标定位和曲线绘制。绘制时以时间作为横坐标，从数据库中取出的数据作为纵坐标。由于每个站变的曲线都需要最大值、最小值及其出现时间，因此把这个功能和读取数据部分功能作为一个包含文件。根据读取得到的数据点，控制画笔在相邻两点之间不断绘制短直线段，得到历史趋势图（图 8.14）。

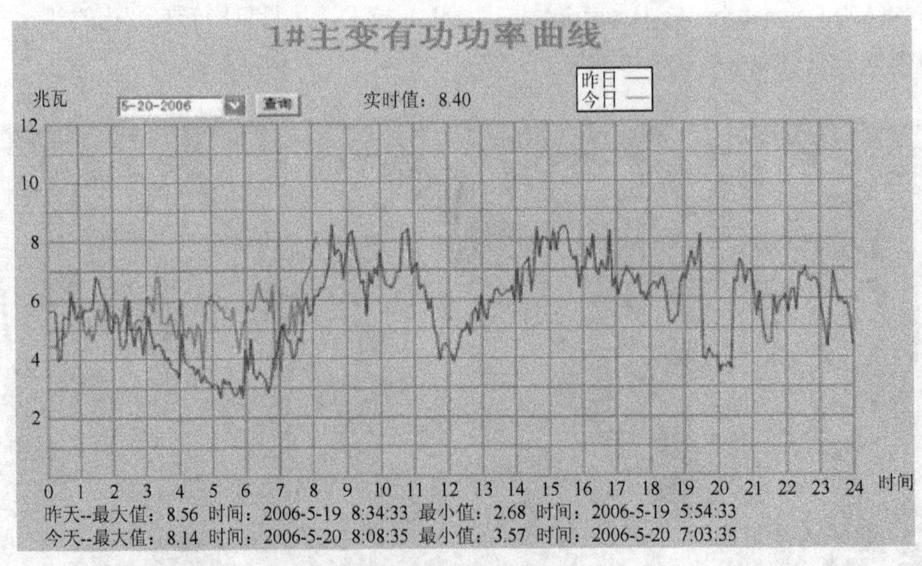

图 8.14 历史曲线子系统显示结果示例

8.2 基于物联网的文化遗产监测

截至 2016 年 7 月，我国的世界文化遗产地数量增至 50 处[219]，其中文化遗产（含文化景观）35 处、自然遗产 11 处、文化与自然双遗产 4 处。此外，我国还有国家级重点文物保护单位 4296 处[220]，包括古遗址、古墓葬、古建筑、石窟寺及石刻、近现代重要史迹及代表性建筑等。这些文物保护单位及其馆藏文物在历史见证、传承、再现方面起着不可替代的作用，也是对外展示地方经济、历史文化的重要窗口。在坚持“实时监测、提前预警、保护为主、加强管理”方针的基础上，利用物联网的最新发展成果，结合遥感技术和测绘方法，对文化遗产进行天空地一体化协同观测，结合分布式时空数据库，开发统一的数据存储、大数据处理平台、集成监测预警服务平台，对于实时掌握文化遗产现状、风险预警、灾情评估与应急保障具有重要意义。

8.2.1　文化遗产监测技术路线

文化遗产地监测是采用现代科学技术手段和科学管理方法[221]，从文化遗产地的价值载体（文物本体和价值环境）、影响遗产价值载体的风险因素两个维度进行周期性、系统性和科学性观察和识别，客观反映遗产地的保存现状，并综合评估遗产地保护效果，避免遗产地文物本体的快速劣化。

目前，全球最大的遗产保护组织是联合国教育、科学及文化组织旗下的“世界遗产委员会”（World Heritage Centre，WHC）[222]，它由联合国支持、联合国教育、科学及文化组织负责执行，以保存具有杰出和普遍性价值的自然或文化遗产为己任。在《保护世界文化和自然遗产公约》中[221, 223]，明确提出遗产管理机构需对遗产状况进行连续监测（图 8.15），并定期提交监测报

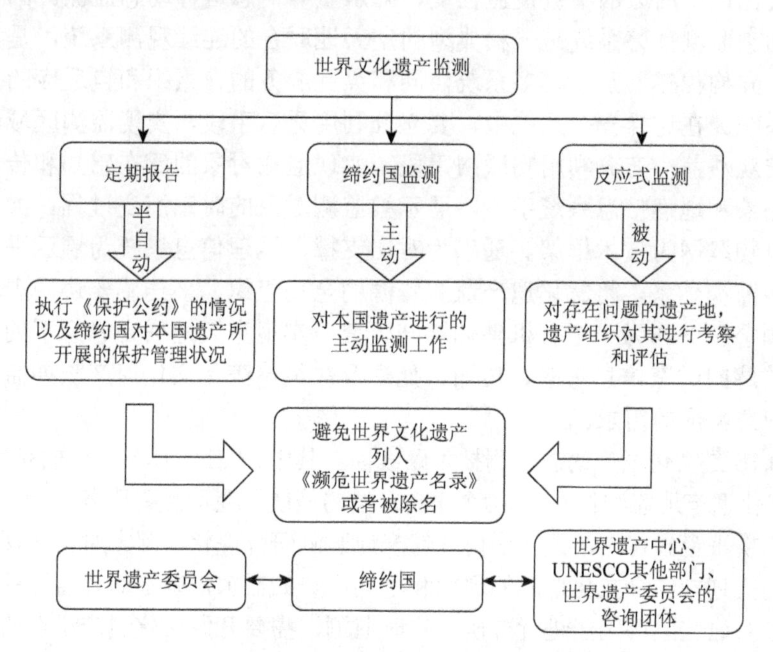

图 8.15　世界文化遗产的监测模式

告，对出现紧急情况的遗产地开展反应性监测。另外一个代表性机构是现代建筑、场所与地区记录与保护国际委员会，简称 DOCOMOMO[224]，它成立于 1988 年，关注现代遗产的历史价值、调研与保护方法，宣传与推广保存近代建筑和资料的意义与知识[225]。

文化遗产受自然侵害和人为影响是一个缓慢的过程，是多重因素的综合作用[221]。因此，在文化遗产保护研究中，需要通过对可能造成文化遗产本体变化的各类影响因子开展长期不间断的监测，积累相关数据，并进行深入分析，探寻其中蕴涵的规律，从而科学地认知文化遗产劣化的成因和变化机理，研究相应的技术方法和保护措施。

与一般的监测预警系统不同的是，文物保护现场不能随意开挖被保护对象地面（如开槽布管），部分场所连钉子都不允许使用。因此，有线接入方式不但布线困难、施工不便，而且建设周期长，会影响被保护单位的正常工作。因此，采用物联网无线方式作为监测手段是一个理想选择，它无需布线、架设方便，运行、维护成本低，施工周期短，不会破坏建筑结构和内部装潢，只需通过无线终端设备即可接入本地网络和 Internet，便于监控人员和各级主管部门实时掌握各个关键区域的状况。

为此，宜采用异构地面传感器实现文化遗产结构信息、毁损信息、气象信息等信息的泛在感知[226, 227]；同时，借助遥感卫星、资源卫星、热气球、无人机等，对文化遗产周边的植被覆盖程度、降水量等信息进行动态监测。因此，文化遗产动态监测预警系统是一种典型的空天地联合的连续观测系统，是具有事件感知、异构传感器互联、多系统协同和灵性服务的自组织和自适应的复杂观测网络系统。在这样一个系统中，要充分利用遥感手段，实现监测区域、监测对象的宏观覆盖；充分利用物联网手段，实现监测对象的泛在感知和传输；充分利用测绘和地理信息系统手段，展示被监测对象的时空演变过程。如此，构成一个以物联网为技术框架、遥感为对比支撑、地理信息系统为展示平台的广义物联网监测体系，将文化遗产监测资源的全局组织、多传感器协同观测和聚焦决策预警服务作为一个有机整体展开研究，实现空天地联合思想下的文化遗产监测传感网时空信息获取、传输、处理及决策，满足文化遗产长期监测保护与快速应急响应的需求。

图 8.16 是文化遗产动态监测技术路线图。其中，“三级体系”指的是国家级、省级、文化遗产地监测体系，“两个平台”指的是统一监测预警服务平台、大数据处理与交换平台。首先，根据国内外遗产地监测研究现状、国家对文化遗产地监测预警的规划，结合文化遗产的现状和不同用户的需求，确定需要监测的监测因子。为了对这些监测因子进行准确、实时监测，需要开发文化遗产泛在监测系统（地面手段）和文化遗产遥感综合监测系统。这些海量监测信息不但是遗产地的宝

贵资源，需要进行实时处理和快速交换，而且是国家级平台和省级监测中心的数据来源，必须按照统一格式及时上传；此外，这些数据还是服务提供的基础，需要开发海量数据实时处理与交换中心。为了根据采集的数据适时预警，必须根据监测因子设计有针对性的监测指标（表示可通过对监测因子分析计算而获得的同一类型的信息，如文化遗产结构稳定度、文化遗产赋存环境优劣），并根据这些监测指标设计合适的预警模式，即监测预警指标与预警模式的开发。同时，需要开发信息的统一监测预警服务平台，为各级主管部门、商业公司和社会大众提供形式多样的服务。

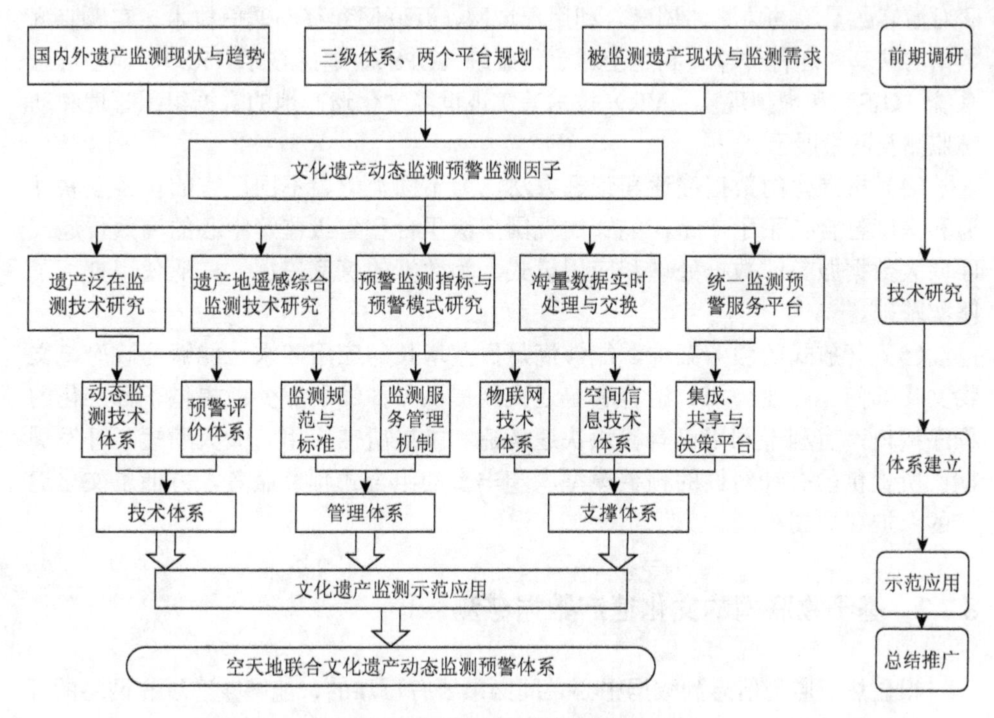

图 8.16　文化遗产动态监测技术路线图

基于这些成果，将会形成遗产监测技术体系、管理体系和支撑体系。技术体系包括文化遗产信息的动态监测体系和文化遗产保护现状的预警评价体系。管理体系包括文化遗产的监测规范与标准以及监测服务管理机制，前者用于规范工作人员的日常行为，后者用于规范监测信息的对外服务方式。支撑体系的内容有三个方面：物联网技术体系支撑整个系统的泛在感知和扩展应用，空间信息技术实现目标的无缝定位、多源联动和可视化展示，集成、共享与决策平台则支撑各类信息的 C/S 模式展示和统计，以及 B/S 模式下的在线发布与共享。

该技术路线以信息流动路径为主线、以主要建设内容为枝干，紧密围绕监测目标，从理论研究、技术突破、示范应用等多方面入手，具有如下特色。

（1）采用从低层到高层的层次结构，按照信息获取、传输、存储和处理、逻辑设计、应用展示的数据流动顺序展开，便于理解。

（2）以地面感知、卫星遥感、无人机采集为手段，实现文化遗产本体及其规划区域的空天地联合感测，大幅提升感知范围；各种感知手段之间彼此印证和融合，能够显著提升结果可信度。

（3）以物联网技术为支撑、网络通信技术为通道、空间信息技术为平台，利用无线传感网络和无线射频识别等物联网核心技术，实现对监测数据的实时传输和对游客数量等的监测和调度。利用局域网、互联网和移动通信技术，实现监测数据的共享和远程传输。利用全球定位系统（GPS）、遥感技术（RS）、地理信息系统（GIS）和虚拟现实（VR）技术等实现世界文化遗产地的数据组织管理和动态监测及网络展示。

（4）标准化的数据描述和管理方法，为不同类型、不同厂家的设备互联互通和深度融合扫平了道路，能够实现国家级平台和省级监管中心的高效传递；面向大数据服务的数据处理和应用模式，为数据的深度挖掘、广泛使用打下了坚实基础。

（5）开放式的服务架构，能够满足日益增长的应用需求，能够为政府、文物文化部门、商业公司、游客和普通大众提供可伸缩的服务；提供了标准化的程序接口，有利于利用已有模块快速搭建和扩展所需应用，大大缩短了开发周期；所提供的有针对性的预警模型库和丰富的组合式预警服务，方便了文化遗产的保护和规划决策。

8.2.2 基于物联网的文化遗产数据感测

很显然，监测信息到数据中心之间必须要有可靠的、能够兼容现有网络的开放式数据传输平台；该传输平台需具备较强的扩展能力，能为后续应用提供可伸缩的传输服务，并兼容最新技术。同时，从分类标准统一的角度来看，对文化遗产实施地面泛在监测或空中遥感综合监测的目的都是实现信息的感知，为此，从建设角度将这二者合并为“空天地联合动态监测方法”，从而构成图 8.17 所示的主要实施内容。

为了后面表述方便，相应的建设内容都在图 8.17 中编上了数字序号，以便直接用数字表示建设内容，如建设内容 1 就表示“空天地联合动态监测方法”的建设。

基于物联网的文化遗产监测系统可以分为感测层、传输层、数据与逻辑层、应用层四个层次，见图 8.18。图 8.18 用与图 8.17 相同的编号方式示出了 5 个主要

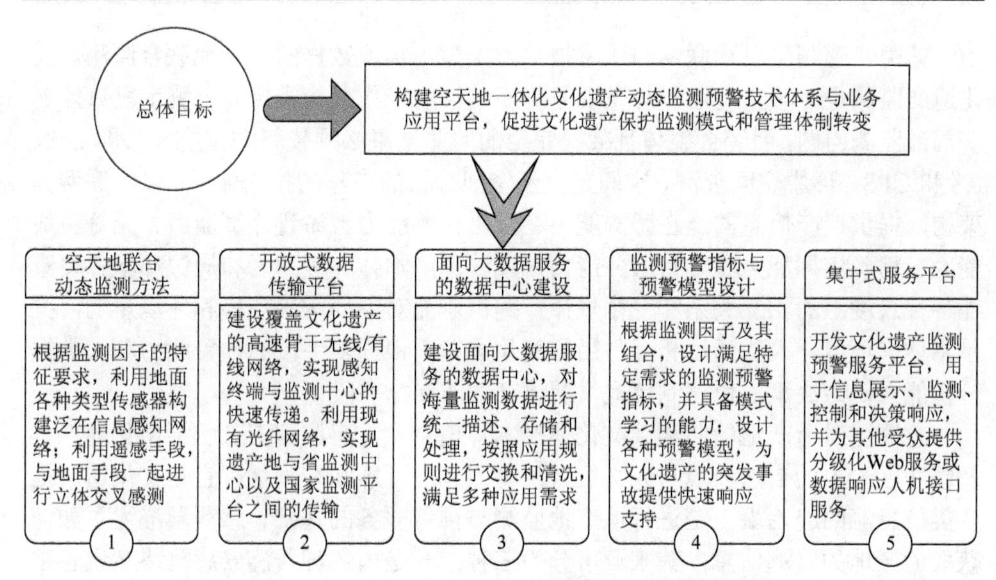

图 8.17　文化遗产动态监测预警系统主要实施内容

建设内容，建设内容 1 位于感测层，建设内容 2 位于传输层；建设内容 3 位于数据与逻辑层，用以建立整个系统的大数据存储运算中心；建设内容 4 可以视为一种服务逻辑，即预警服务逻辑，需要通过数据中心的运算能力提供；建设内容 5 位于应用层。

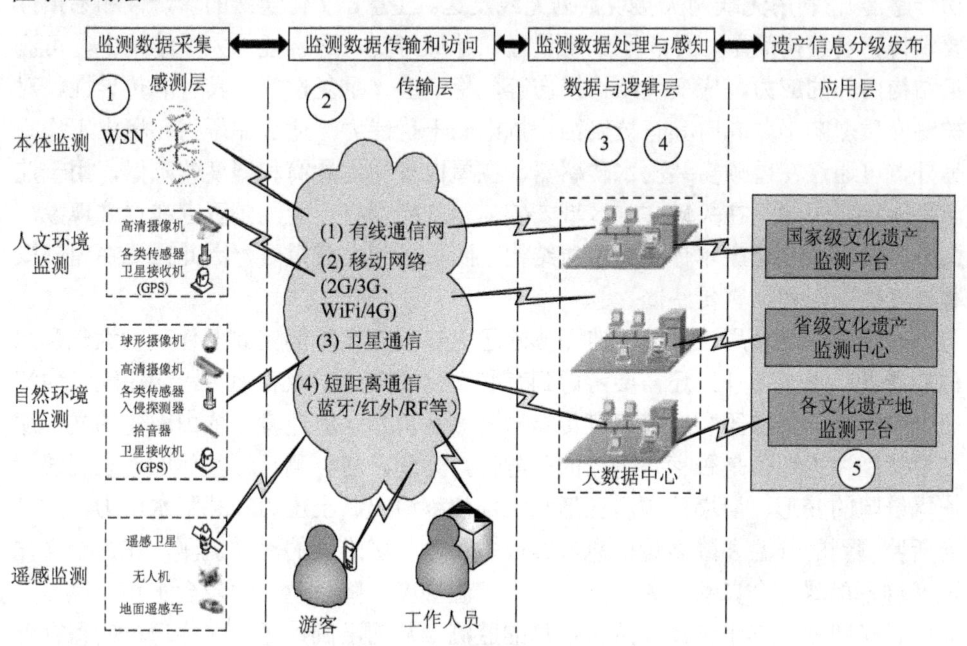

图 8.18　文化遗产动态监测预警系统层次结构

其中，感测层以物联网和遥感技术为支撑，实现数据的空天地联合监测。文化遗产监测是一项宏观监测与微观监测相结合的工作，依靠传统监测手段只能解决局部监测问题，而综合整体且准确完全的监测结果必须依赖“3S 技术”，即 GIS、RS 和 GPS，形成空间观测、空间定位及空间分析的完整的技术体系；以物联网为架构，提供遗产信息的泛在感测能力、实时传输能力、海量计算能力、无缝集成能力、精确挖掘能力和丰富服务能力，反映遗产本体、缓冲区和周边环境各要素在各种尺度上的相互关系和变化规律，提供监测对象的准确态势和环境影响，揭示本体、环境、人类活动相互作用和变化规律，根据多手段的预警能力和大数据分析能力，为决策的快速制定提供便捷高效的支撑手段。

感测层对遗产地的监测（文化遗产本体信息）与感测范围（包括文化遗产群及缓冲区）内的自然环境与人文社会环境信息进行感知和测量，它是文化遗产地各类信息流的起始端，是进行遗产地监测与预警服务的基础。感测层描述了如何获取遗产地的监测信息，其来源可分为三种：一是由各种传感器感测终端设备采集而来的信息；二是整合现有应用系统数据而来的信息；三是使用系统提供的录入采集功能录入的数据。感测层的核心是布设在遗产地本体及缓冲区区域内的各类传感器，通过物联网技术将各类感测传感器设备进行组网，形成文化遗产群及缓冲区内动态监测的信息感测网络，获取各类信息流。

在需要监测的本体的墙体、瓦面和特定文物上安装结构稳定性传感器（如振动传感器），利用无线网关实现数据无线发送。注意，文化遗产的珍贵性和易损性要求传感器结构简单、体积小、重量轻、外形可变，适合埋入大型结构中，可测量结构内部的应力、应变及结构损伤等，稳定性、重复性好；具有非传导性，对被测介质影响小，同时具有抗腐蚀、抗电磁干扰能力，适合在恶劣环境中工作。另外，可通过在屋顶安装雨水传感器、在屋内安装雨量筒和湿度传感器，用于监测是否存在渗漏。在关键文物区域安装高精度摄像机，观测是否存在虫蛀现象。此外，由于文化遗产本体多为木质结构，防火显得尤其重要，因此需要在内部安装温度传感器和烟雾传感器。

对于文化遗产周边环境的监测，除了上述规定实施的气象条件，如大气和水体的质量、噪声之外，还需要考虑到有些文化遗产处于峡谷地带，应在峡谷内河流中安装水位传感器和水流速度传感器监测水位和水流速度；依山而建的文化遗产要特别注意坡体是否存在滑坡的可能性，为此，需监测目标坡体的地表裂缝、崩塌缝隙的变形、崩塌体倾斜变形和深部位移情况、土压力和孔隙水压力，并结合所监测到的气温和降雨量信息，实现多参数、多维度的滑坡监测。在每个文化遗产群各部署一个自动气象站，实现大气温湿度、降雨量、地表含水率、风速、风向、光照度、气压、蒸发量等信息的监测，从而准确地了解文化遗产的保存环境，以及文化遗产地气象环境的变化，以研究这些变化对文化遗产的影响；按需部署大气环境自动监测仪，监测文化遗产地大气中二氧化硫、二氧化碳、二氧化氮、降尘、颗粒物等参数，进而判断空气现状、污染趋势，为本体保护、展示与利用提供基础资料；配置适量的户外噪声监测终端，监测文化遗产景区的噪声大小。

对于游客的监测，需要开发游客实时定位系统、虚拟导游系统、不文明行为警示系统，以及售票系统、视频监视系统、门禁卡口系统（与游客数量动态监视系统联动）等，这些系统的实现，有赖于感测层的移动目标定位节点和视频信息采集节点的动态信息感知。

8.2.3　数据传输、处理与应用

1. 数据传输

传输层是连接文化遗产地内各类感测设备、监测与预警数据中心，以及与外界进行连接的信息通道，主要由数据传输分站、通信模块、光缆等组成，除可实现感测信息的可靠传输之外，还可实现各类连接和远程设备的管理，传输数据的流量控制，以及传输期间的差错监测，建立用户与数据、用户与设备、数据与设备以及设备与设备之间的紧密联系，实现文化遗产监测物联网“物物互联”的重要保障。

在文化遗产监测与预警中，遗产地范围内的数据传输主要由无线网络承担，该网络由传感网和无线骨干网构成；传感网由分散的、异构的感测设备组成，无线骨干网则由室外无线大功率、长距离 AP（如 AP7181+802.11n）构成。各感测设备就近接入客户端网桥，同时根据自己的通信距离自组成网。遗产地范围内携带智能终端的移动对象（如游客、遗产地工作人员等），则可作为不同节点之间的信息使者，从而以机会通信的方式进行数据传输。这种方式可以实现非视距传输，与发送节点有直接视距的节点先接收无线信号，然后再将接收到的信号转发给非直接视距节点。按照这种方式，节点能够自动选择最佳路径，不断将感测到的数据从一个节点转发给另一个节点，并最终传输给数据处理中心。

遗产地无线网络进行文化遗产地范围内的数据传输，以实现基于事件或者任务驱动的感知，提供对监测对象的自组织协同感知能力。据此可以在应用层进行信息的多维聚合，为文化遗产的动态监测预警提供可伸缩的服务能力。这种方案具有较强的抗毁能力，它不依赖于单个节点的性能。各节点可充分利用本书提出的分簇协作、虚拟 MIMO 协作、动态虚拟簇传输、机会通信等多种通信方式，有效降低单点故障带来的影响。

2. 数据处理

数据与逻辑层位于应用层和传输层之间，完成存储整个系统的基础数据、动

态管理数据和实时监测数据，提供存储、删除、修改、传输、检索等空间数据存取服务等。各种数据应有统一的数据描述形式、统一的数据处理格式和统一的数据管理方式，便于信息的挖掘和融合。由于系统所涉及的信息类型较多，并在使用过程中有扩展需求，因此系统应具有海量数据存储的能力，便于利用 OLAP 联机分析处理和数据挖掘技术进行强大的多维数据分析，为实现决策支持功能提供条件。数据存储包括实时、历史数据的存储，因此应配备独立的历史数据库，为信息管理和决策系统的建设提供完整的数据系统；实时数据则支持数据的即时呈现和告警等。

数据与逻辑层支持对原始数据进行推导以获得面向应用的定量数据服务，如叠加分析、网络分析、缓冲分析、几何计算等；另外支持数据集特征变换，如多数据集集成、多比例尺数据集成等。同时，为了支持系统的预警、指挥调度等功能，需要构建各类模型，如单/多参数模型、线性/非线性模型，实现异常、隐患的发现和预警，以便为预警服务提供支持。

3. 数据应用

应用层是监测与预警系统的功能展示平台，是技术与数据的直接作用结果，通过空间数据库技术、地理信息技术，结合现代通信技术实现系统各种功能。它以文化遗产基础数据库为基础，将遗产地日常管理业务与监测预警服务相结合，实现对文化遗产群及缓冲区世界文化遗产地相关信息资源的采集、统一管理、整合、预警发布。

应用层提供文化遗产群遗产地相关空间分析与检索服务，并结合预警指标、预警模型与专家系统对遗产地监测情况进行分析，提供预警响应。它允许管理人员与用户快速地查询与浏览监测区域内数据，对数据进行维护、管理和展示，对多源异构数据进行融合处理，提供空间分析服务和支持 OGC（open geospatial consortium）标准的数据服务，能够通过监测数据的快速分析，对文化遗产群及缓冲区世界文化遗产的保护提供预警服务。用户提交请求或者系统某些预警服务自动响应时，服务平台会通过后台的服务引擎完成相应的计算和调用。

各传感器获取的数据可以直接用于对目标进行单参数监测与预警，也可通过多参数融合处理进行综合决策判断，以得到更为可靠的结论。多元信息融合包括数据、特征、决策三个层次[228]（图 8.19）。其中，数据融合是对监测到的各类传感器数据进行格式转换、数据剔除等预处理，特征融合则对预处理后的数据进行特征提取，决策融合根据模型方法库中提供的融合模型与算法，对提取的目标特征进行组合计算，得到最终融合结果。在监测目标数据融合分析的基础上，利用变化检测和预警模型提取监测目标参数变化量，结合预警指标触发预警。一旦有预警事件，用户可查看现场视频、GIS 地图、报警日志等，为相关人员和专家发送手机短信、电子邮件、电话语音等消息，以便让相关人员迅速了解险情，作出预警决策和组建应急响应队伍。需要注意的是，由于决策规划需要在知识层面开展工作，因此，应用系统需要实现基础知识表达、知识库建立和基于知识的检索等内容，以便开展决策分析工作，具体方法可参见 8.1.3 节。

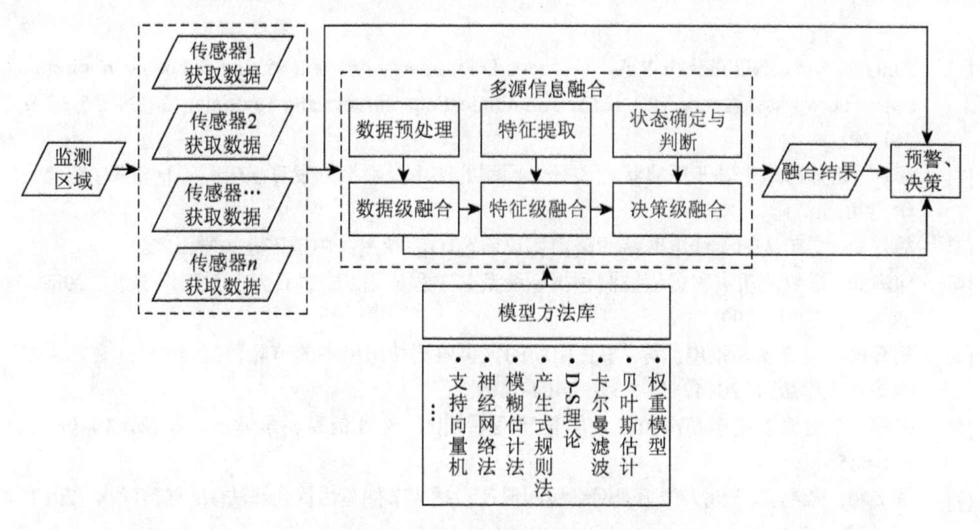

图 8.19　多元信息融合模型

参考文献

[1] Pantazis N A，Nikolidakis S A，Vergados D D. Energy-efficient routing protocols in wireless sensor networks：A survey[J]. IEEE Communications Surveys and Tutorials，2013，15（2）：551-591.

[2] 李婕. 认知网络中基于网络状态和行为预测的路由及数据分发算法研究[D]. 沈阳：东北大学，2015.

[3] 胡青松. 煤矿认知无线电网络的路由协议研究[D]. 徐州：中国矿业大学，2011.

[4] 何满潮. 滑坡地质灾害远程监测预报系统及其工程应用[J]. 岩石力学与工程学报，2009，28（6）：1081-1090.

[5] 胡青松，吴立新，张申，等. 事件驱动的灾害监测传感网中的节能数据传输[J]. 吉林大学学报（工学版），2014，44（5）：1404-1409.

[6] 张锦. 矿山地面灾害精准监测地学传感网系统[J]. 地球信息科学学报，2012，14（6）：681-685.

[7] 李文峰，沈连丰，胡静. 传感器网络簇间通信自适应节能路由优化算法[J]. 通信学报，2012，33（3）：10-19.

[8] 李彬，王文杰，殷勤业，等. 无线传感器网络节点协作的节能路由传输[J]. 西安交通大学学报，2012，46（6）：1-6.

[9] 范明虎. 传感网环境下事件驱动的林火动态观测方法研究[D]. 武汉：武汉大学，2013.

[10] 陈能成，王晓蕾，王超. 对地观测语义传感网的进展与挑战[J]. 地球信息科学学报，2012，14（6）：673-680.

[11] Tekbiyik N，Uysal-Biyikoglu E. Energy efficient wireless unicast routing alternatives for machine-to-machine networks[J]. Journal of Network and Computer Applications，2011，5（2）：1-28.

[12] Alawieh B，Assi C，Mouftah H. Power-aware ad hoc networks with directional antennas：Models and analysis[J]. Ad Hoc Networks，2009，7（3）：486-499.

[13] Shi L，Fapojuwo A O. Cross-layer optimization with cooperative communication for minimum power cost in packet error rate constrained wireless sensor networks[J]. Ad Hoc Networks，2012，10（7）：1457-1468.

[14] 戴世瑾，李乐民. 高能量有效性的无线传感器网络数据收集和路由协议[J]. 电子学报，2010，38（10）：2336-2341.

[15] 王玉，陈晓清. 汶川地震区次生山地灾害监测预警体系初步构想[J]. 四川大学学报（工程科学版），2009，41（S1）：37-44.

[16] Chen D，Liu Z，Wang L，et al. Natural disaster monitoring with wireless sensor networks：A case study of data-intensive applications upon low-cost scalable systems[J]. Mobile Networks & Applications，2013，18（5）：651-663.

[17] Lara R，Benitez D，Caamano A，et al. On real-time performance evaluation of volcano-monitoring systems with wireless sensor networks[J]. IEEE Sensors Journal，2015，15（6）：3514-3523.

[18] Werner-Allen G，Lorincz K，Ruiz M，et al. Deploying a wireless sensor network on an active volcano[J]. IEEE Internet Computing，2006，10（2）：18-25.

[19] Hodge V J，O'Keefe S，Weeks M，et al. Wireless sensor networks for condition monitoring in the railway industry：A survey[J]. IEEE Transactions on Intelligent Transportation Systems，2015，16（3）：1088-1106.

[20] Hackmann G，Guo W，Yan G，et al. Cyber-physical codesign of distributed structural health monitoring with wireless sensor networks[J]. IEEE Transactions on Parallel and Distributed Systems，2014，25（1）：63-72.

[21] 王立鼎，岳国栋，徐征，等. 面向高铁钢轨应力广域监测的无线传感网系统架构及性能测试[J]. 吉林大学学报（工学版），2015，45（6）：1974-1979.

[22] 周户星. 车联网环境下交通信息采集与处理方法研究[D]. 长春：吉林大学，2013.

[23] 中华人民共和国国务院. 国家中长期科学和技术发展规划纲要（2006—2020 年）[Z]. 2006.

[24] 中华人民共和国科学技术部. 社会发展科技领域国家科技计划项目需求征集指南[Z]. 2011.

[25] 国务院办公厅. 安全生产“十二五”规划[Z]. 2011.

[26] 王泉夫. 基于 WSN 的工作面监控及瓦斯浓度预测关键技术研究[D]. 徐州：中国矿业大学，2009.

[27] 王军号，孟祥瑞. 物联网感知技术在煤矿瓦斯监测系统中的应用[J]. 煤炭科学技术，2011，39（7）：64-69.

[28] 连清旺. 矿井顶板（围岩）状态监测及灾害预警系统研究及应用[D]. 太原：太原理工大学，2012.

[29] 李致金. 无线传感器网络煤矿顶板压力在线监测系统[J]. 计算机测量与控制，2011，19（3）：543-545.

[30] 孟磊，丁恩杰，吴立新. 基于矿山物联网的矿井突水感知关键技术研究[J]. 煤炭学报，2013，38（8）：1397-1403.

[31] 徐智敏. 深部开采底板破坏及高承压突水模式、前兆与防治[D]. 徐州：中国矿业大学，2010.

[32] 邓军，肖旸，陈晓坤，等. 矿井火灾多源信息融合预警方法的研究[J]. 采矿与安全工程学报，2011，28（4）：638-643.

[33] 王凯. 煤矿热动力灾害控制机理及远程应急救援系统研究[D]. 徐州：中国矿业大学，2012.

[34] 苏令. 无线传感网机会路由协议研究[D]. 北京：北京邮电大学，2014.

[35] 胡青松，张申，陈艳，等. 一种基于 voronoi 图的能量均衡分簇路由协议[J]. 小型微型计算机系统，2012，33（3）：457-461.

[36] Hu Q，Wu L，Cao C，et al. An event-driven object localization method assisted by beacon mobility and directional antennas[J]. International Journal of Distributed Sensor Networks，2015，2015（134964）：1-12.

[37] 胡青松，吴立新，张申，等. 煤矿工作面定位 WSN 的部署与能耗分析[J]. 中国矿业大学学报，2014，43（2）：351-355.

[38] Gupta H P，Rao S V，Yadav A K，et al. Geographic routing in clustered wireless sensor networks among obstacles[J]. IEEE Sensors Journal，2015，15（5）：2984-2992.

[39] Ehsan S，Hamdaoui B. A survey on energy-efficient routing techniques with QoS assurances for wireless multimedia sensor networks[J]. IEEE Communications Surveys and Tutorials，2012，14（2）：265-278.

[40] Heinzelman W B，Chandrakasan A P，Balakrishnan H. An application-specific protocol architecture for wireless microsensor networks[J]. IEEE Transactions on Wireless Communications，2002，1（4）：660-670.

[41] 胡青松，吴立新，张申，等. 协作 WSN 路由算法的能耗及其影响因素研究[J]. 华中科技大学学报（自然科学版），2013，41（2）：81-85.

[42] 胡青松，吴立新，张申，等. 基于智能天线和动态虚拟簇的均衡节能路由[J]. 通信学报，2013，34（8）：169-176.

[43] Hu Q，Wu L，Geng F，et al. A Data transmission algorithm based on dynamic grid division for coal goaf temperature monitoring[J]. Mathematical Problems in Engineering，2014，2014（652621）：1-8.

[44] 游春霞，张申，翟彦蓉，等. 煤矿工作面可见光通信光源优化设计新方法[J]. 中国矿业大学学报，2014，43（2）：333-338.

[45] 张莉，李金宝. 无线传感器网络中基于多路径的可靠路由协议研究[J]. 计算机研究与发展，2011，48（S2）：171-175.

[46] Hammoudeh M，Newman R. Adaptive routing in wireless sensor networks：QoS optimisation for enhanced application performance[J]. Information Fusion，2015，22：3-15.

[47] Spyropoulos A，Raghavendra C S. Capacity bounds for ad-hoc networks using directional antennas[C]. IEEE International conference on communication，ALaska，2003.

[48] Quintero A，Li D Y，Castro H. A location routing protocol based on smart antennas for ad hoc networks[J]. Journal of Network and Computer Applications，2007，30（2）：614-636.

[49] Cuevas-Martinez J C，Canada-Bago J，Fernandez-Prieto J A，et al. Knowledge-based duty cycle estimation in wireless sensor networks：Application for sound pressure monitoring[J]. Applied Soft Computing，2013，13（2）：967-980.

[50] Zungeru A M，Ang L，Seng K P. Classical and swarm intelligence based routing protocols for wireless sensor networks：A survey and comparison[J]. Journal of Network and Computer Applications，2012，35（5）：1508-1836.

[51] Kariman-Khorasani M，Pourmina M A，Salahi A. Energy balance based lifetime maximization in wireless sensor networks employing joint routing and asynchronous duty cycle scheduling techniques[J]. Wireless Personal Communications，2015，83（2）：1057-1083.

[52] Hao J，Zhang B，Mouftah H T. Routing protocols for duty cycled wireless sensor networks：A survey[J]. IEEE Communications Magazine，2012，50（12）：116-123.

[53] 肖甫，王汝传，叶晓国，等. 基于改进势场的有向传感器网络路径覆盖增强算法[J]. 计算机研究与发展，2009，46（12）：2126-2133.

[54] Jiang H，Qian J，Sun Y，et al. Energy optimal routing for long chain-type wireless sensor networks in underground mines[J]. Mining Science and Technology（China），2011，21（1）：17-21.

[55] 胡青松，张申，陈艳. 煤矿认知网络体系结构设计[J]. 煤炭工程，2010，(6)：108-111.

[56] 王红良，张申，吴京京. 基于长带状煤矿巷道的无线传感器网络 LEACH 路由协议的改进[J]. 煤矿安全，2011，42（10）：63-65.

[57] 吴青，张申，李曙俏，等. 一种应用于煤矿井下 LEACH 路由协议的改进[J]. 传感器与微系统，2012，31（4）：23-25.

[58] 张玉，杨维，韩东升. 混合结构矿井应急救援无线 Mesh 网络及其路由算法[J]. 煤炭学报，2013，38（12）：2279-2284.

[59] 王曙光. 煤矿井下无线 Mesh 网络路由协议及应急通信系统的研究[D]. 北京：北京交通大学，2010.

[60] 李兵，崔春艳，来美英. 基于 WSN 的矿井瓦斯检测系统中低功耗路由协议[J]. 煤矿安全，2009，40（5）：81-83.

[61] 李辉，张晓光，刘颖. 基于煤矿设备有序拓扑的能量有效路由协议[J]. 中国矿业大学学报，2011，40（5）：774-780.

[62] Hu Q，Zhang S，Chen Y. Zero cluter head and distribution unbalance problems in wireless clustering routing[C]. 2010 International Conference on Future Industrial Engineering and Application，Shehzhen，2010.

[63] 普拉萨德. 认知无线电网络 [M]. 陈光桢，许方敏，李虎生，译. 北京：机械工业出版社，2011.

[64] 冯志勇，张平，郎保真，等. 认知无线网络理论与关键技术[M]. 北京：人民邮电出版社，2011.

[65] 尹安，汪秉文，胡晓娅，等. 无线传感器网络负载均衡路由协议[J]. 华中科技大学学报（自然科学版），2010，38（1）：88-91.

[66] Zhou Z，Zhou S，Cui J H，et al. Energy-efficient cooperative communication based on power control and selective single-relay in wireless sensor networks[J]. IEEE Transactions on Wireless Communications，2008，7（8）：3066-3078.

[67] Ge W，Zhang J，Xue G. Joint clustering and optimal cooperative routing in wireless sensor networks[C]. 2008 IEEE International Conference On Communications，Beijing，2008.

[68] Molisch A F. Wireless Communications[M]. 2nd ed. Hoboken：Wiley，2011.

[69] 张典. 煤矿巷道协同通信功率分配技术研究[D]. 徐州：中国矿业大学，2013.

[70] 孙继平，王帅. 改进型能量传递测距模型在矿井定位中的应用[J]. 中国矿业大学学报，2014，43（1）：94-98.

[71] Zhang Q，Yang H，Wei Y. Selection of destination ports of inland-port-transferring RHCTS based on sea-rail combined container transportation[C]. International Symposium on Innovation and Sustainability of Modern Railway，Nanchang，2009.

[72] 李洪星. 无线协作通信中的关键技术研究[D]. 上海：上海交通大学，2010.

[73] Khandani A E，Abounadi J，Modiano E，et al. Cooperative routing in static wireless networks[J]. IEEE Transactions on Communications，2007，55（11）：2185-2192.

[74] Khandani A E，Modiano E，Abounadi J，et al. Cooperative routing in wireless networks[M] //Advances in Pervasive Computing and Networking. New York：Springer，2005：97-117.

[75] Liu K J R，Sadek A K，Su W，et al. Cooperative Communications and Networking[M]. Cambridge：Cambridge Press，2009.

[76] 陈纯锴. 无线网络协作通信关键技术研究[D]. 哈尔滨：哈尔滨工程大学，2012.
[77] Heinzelman W R，Chandrakasan A，Balakrishnan H. Energy-efficient communication protocol for wireless microsensor networks[C]. The 33rd Annual Hawaii International Conference on System Sciences，Maui，2000.
[78] Wu Z，Yang H. Power allocation of cooperative amplify-and forward communications with multiple relays[J]. The Journal of China Universities of Posts and Telecommunications，2011，4（18）：65-69.
[79] 李国彦，张有光. 协同无线通信系统中的分布式自适应功率分配[J]. 北京航空航天大学学报，2012，（6）：793-798.
[80] 干玲. 煤矿井下基于协作的认知无线电系统性能研究[D]. 徐州：中国矿业大学，2012.
[81] Su W，Sadek A K，Liu K J R. Cooperative communication protocols in wireless networks：Performance analysis and optimum power allocation[J]. Wireless Pers Commun，2008，（44）：181-217.
[82] Ribeiro A，Xiaodong C，Giannakis G B. Symbol error probabilities for general cooperative links[J]. IEEE Transactions on Wireless Communications，2005，4（3）：1264-1273.
[83] Simon M K，Alouini M. A unified approach to the performance analysis of digital communication over generalized fading channels[J]. Proceedings of the IEEE，1998，86（9）：1860-1877.
[84] Foschini G J. Layered space-time architecture for wireless communication in a fading environment when using multi-element antennas[J]. Bell Labs Technical Journal，1996，1（2）：41-59.
[85] Anghel P A，Kaveh M. Exact symbol error probability of a Cooperative network in a Rayleigh-fading environment[J]. IEEE Transactions on Wireless Communications，2004，3（5）：1416-1421.
[86] Fei L，Ximei L，Tao L. Optimal power allocation to minimize SER for multinode amplify-and-forward cooperative communication systems[J]. The Journal of China Universities of Posts and Telecommunications，2008，（4）：14-18.
[87] Storn R，Price K. Minimizing the real functions of the ICEC'96 contest by differential evolution[C]. Proceedings of IEEE International Conference on Evolutionary Computation，Nagoya，1996.
[88] 胡中波. 差分演化算法及其在函数优化中的应用研究[D]. 武汉：武汉理工大学，2006.
[89] Mezura ME，Coello C A，Tun-Mordes E I. Simple feasibility rules and differential evolution for constrained optimization[C]. The 3rd Mexican International Conference on Artificial Intelligence，Mexico，2004.
[90] Zhang W J，Xie X F. DEPSO：Hybrid particle swarm with differential evolution operator[C]. IEEE International Conference on Systems，Man and Cybernetics，Washington，2003.
[91] 胡中波，熊盛武. 折衷的差分演化算法在有约束优化中的应用[J]. 计算机工程与应用，2007，（29）：95-97.
[92] Liu X. A survey on clustering routing protocols in wireless sensor networks[J]. Sensors，2012，12（8）：11113-11153.
[93] 杜晓通. 无线传感器网络技术与工程应用[M]. 北京：机械工业出版社，2010.

[94] 严鸣，汪卫，施伯乐. 无线传感器网络中关键节点的节能问题[J]. 计算机应用与软件，2007，24（6）：129-131.
[95] 于宏毅. 无线移动自组织网[M]. 北京：人民邮电出版社，2004.
[96] Bertoni H L. 现代无线通信系统电波传播[M]. 顾金星，等，译. 北京：电子工业出版社，2002.
[97] 杨大成. 移动传播环境——理论基础.分析方法和建模技术[M]. 北京：机械工业出版社，2003.
[98] Jiang W W，Cui H Y，Chen J Y. Spectrum-aware cluster-based routing protocol for multiple-hop cognitive wireless network[C]. IEEE International Conference on Communications Technology and Applications，Beijing，2009.
[99] 李成法，陈贵海，叶懋，等. 一种基于非均匀分簇的无线传感器网络路由协议[J]. 计算机学报，2007，30（1）：27-36.
[100] Salehpour A A，Mirmobin B，Afzali-Kusha A，et al. An energy efficient routing protocol for cluster-based wireless sensor networks using ant colony optimization[C]. International Conference on Innovations in Information Technology，AlAin，2008.
[101] Chatterjee M，Sas S K，Turgut D. An on-demand weighted clustering algorithm（WCA）for ad hoc networks[C]. IEEE Global Telecommunications Conference，San Francisco，2000.
[102] Younis O，Fahmy S. HEED：A hybrid，energy-efficient，distributed clustering approach for ad hoc sensor networks[J]. IEEE Transactions on Mobile Computing，2004，3（4）：366-379.
[103] Dechene D J，Jardali A E，Luccini M，et al. A Survey of Clustering Algorithms for Wireless Sensor Networks[R]. London：University Of Western Ontario，2006.
[104] Fu W，Wang Y，Agrawal D P. Delay and capacity optimization in multi-radio multi-channel wireless mesh networks[C]. IEEE International Performance，Computing And Communications Conference，Austin，2008.
[105] Shin-Jer Y，Hao-Cyun C. Design issues and performance analysis of location-aided hierarchical cluster routing on the MANET[C]. WRI International Conference on Communications and Mobile Computing，Kunming，2009.
[106] 安辉耀，王新安，李挥，等. 移动自组织网中的先进路由算法与路由协议[M]. 北京：科学出版社，2009.
[107] Tiecheng W，Gang W. TIBCRPH：Traffic infrastructure based cluster routing protocol with handoff in VANET[C]. 19th Annual Wireless and Optical Communications Conference（WOCC），Shanghai，2010.
[108] 赵靖，郭锐，王建荣，等. 基于簇的 Ad Hoc 网络组播路由协议设计[J]. 微处理机，2007，28（6）：51-53.
[109] 邹学玉，曹阳，刘徐迅，等. 基于离散粒子群的 WSN 分簇路由算法[J]. 武汉大学学报（理学版），2008，54（1）：99-103.
[110] Abbasi A A，Younis M. A survey on clustering algorithms for wireless sensor networks[J]. Computer Communications，2007，30（14/15）：2826-2841.
[111] Handy M J，Haase M，Timmermann D. Low energy adaptive clustering hierarchy with deterministic cluster-head selection[C]. 4th International Workshop on Mobile and Wireless Communications Network，Stockholm，2002.

[112] Zhang L，Zhou X，Wu H. A rough set comprehensive performance evaluation approach for routing protocols in cognitive radio networks[C]. Global Mobile Congress 2009，Shanghai，2009.

[113] Shih C，Liao W. Exploiting route robustness in ioint routing and spectrum allocation in multi-hop cognitive radio networks[C]. IEEE Wireless Communications and Networking Conference（WCNC），Sydney，2010.

[114] 梁英，于海斌，曾鹏. 应用 PSO 优化基于分簇的无线传感器网络路由协议[J]. 控制与决策，2006，21（4）：453-456.

[115] 张怡，李云，刘占军，等. 无线传感器网络中基于能量的簇首选择改进算法[J]. 重庆邮电大学学报（自然科学版），2007，19（5）：613-616.

[116] 叶其孝，沈永欢. 实用数学手册[M]. 北京：科学出版社，2006.

[117] 秦华标，肖志勇. 一种负载均衡的分簇路由协议[J]. 小型微型计算机系统，2010，（2）：225-229.

[118] Smaragdakis G，Matta I，Bestavros A. SEP：A stable election protocol for clustered heterogeneous wireless sensor networks[C]. Second International Workshop on Sensor and Actor Network Protocols and Applications（SANPA 2004），Boston，2004.

[119] Duarte-Melo E J，Liu M. Analysis of energy consumption and lifetime of heterogeneous wireless sensor networks[C]. Global Telecommunications Conference（GLOBECOM 2002），Taipei，2002.

[120] Banerjee S，Khuller S. A Clustering Scheme for Hierarchical Routing in Wireless Networks[R]. Maryland：UM Computer Science Department，2000.

[121] Li J P，Yueh S L，Tung Y L. A novel cluster routing protocol with power balance in Ad hoc networks[C]. 10th International Conference on Advanced Communication Technology，Gangwon-Do，2008.

[122] Wong W S，Tan C E. Ad hoc wireless routing schemes based on adaptive modulation in OFDM broadband networks[C]. International Symposium On Information Technology，Las Vegas，2008.

[123] Arslan H E. Cognitive Radio，Software Defined Radio，and Adaptive Wireless Systems[M]. New York：Springer，2007.

[124] Ekram H，Vijay K B. Cognitive Wireless Communication Networks[M]. New York：Springer，2007.

[125] 周培德. 计算几何：算法设计与分析[M]. 3 版. 北京：清华大学出版社，2008.

[126] 王海英，黄强，李传涛，等. 图论算法及其 MATLAB 实现[M]. 北京：北京航空航天大学出版社，2010.

[127] 胡青松，张申，陈艳，等. 一种基于 voronoi 图的能量均衡分簇路由协议[J]. 小型微型计算机系统，2012，33（3）：457-461.

[128] 冯文江，赵伟，王东. 分簇 ad hoc 网络协同 MIMO 传输策略[J]. 通信学报，2012，33（3）：1-9.

[129] 杨栋. 虚拟 MIMO 系统合作接力机制研究[D]. 成都：电子科技大学，2009.

[130] Sundaresan K，Sivakumar R. Routing in ad-hoc networks with MIMO links[C]. 13th IEEE International Conference on Network Protocols，Boston，2005.

[131] Biglieri E. MIMO Wireless Communications[M]. Cambridge：Cambridge University Press，2007.

[132] Brown T，Kyritsi P，de Carvalho E. Practical Guide to MIMO Radio Channel：with MATLAB Examples[M]. Malden：Wiley，2012.

[133] Cho Y S，Kim J，Yang W Y，et al. MIMO-OFDM Wireless Communications with MATLAB[M]. Hoboken：Wiley，2010.

[134] Kim T S，Lim H，Hou J C. Improving spatial reuse through tuning transmit power，carrier sense threshold，and data rate in multihop wireless networks[C]. The 12th Annual International Conference on Mobile Computing and Networking，Los Angeles，2006.

[135] Fontan F P，Espieira P M. Modelling the Wireless Propagation Channel：A Simulation Approach with Matlab[M]. Hoboken：Wiley，2008.

[136] Hussain S，Azim A，Park J H. Energy efficient virtual MIMO communication for wireless sensor networks[J]. Telecommunication Systems，2009，42（1）：139-149.

[137] Siam M Z，Krunz M，Younis O. Energy-efficient clustering/routing for cooperative IMO operation in sensor networks[C]. IEEE INFOCOM 2009，Rio de Janeiro，2009.

[138] Bravos G，Kanatas A G. Energy consumption and trade-offs on wireless sensor networks[C]. IEEE 16th International Symposium on Personal，Indoor and Mobile Radio Communications，Berlin，2005.

[139] Bravos G，Kanatas A G. Energy efficiency comparison of MIMO-based and multihop sensor networks[J]. EURASIP Journal on Wireless Communications and Networking，2008，（1）：10-11.

[140] Cui S，Goldsmith A J，Bahai A. Energy-efficiency of MIMO and cooperative MIMO techniques in sensor networks[J]. IEEE Journal on Selected Areas in Communications，2004，22（6）：1089-1098.

[141] Gao Q，Zuo Y，Zhang J，et al. Improving energy efficiency in a wireless sensor network by combining cooperative MIMO with data aggregation[J]. IEEE Transactions on Vehicular Technology，2010，59（8）：3956-3965.

[142] Liu H，Liu Z，Li D，et al. Approximation algorithms for minimum latency data aggregation in wireless sensor networks with directional antenna[J]. Theoretical Computer Science，2013，497：139-153.

[143] Sundaresan K，Sivakumar R. Cooperating with smartness：using heterogeneous smart antennas in multihop wireless networks[J]. IEEE Transactions on Mobile Computing，2011，10（12）：1666-1680.

[144] Ramanathan R. On the performance of ad hoc networks with beamforming antennas[C]. The 2nd ACM International Symposium on Mobile ad hoc Networking & Computing，New York，2001.

[145] Capone A，Martignon F，Fratta L. Directional MAC and routing schemes for power controlled wireless mesh networks with adaptive antennas[J]. Ad Hoc Networks，2008，6（6）：936-952.

[146] 杨光松，耿旭. WSN 中基于定向天线的节能寻路机制[J]. 计算机工程，2010，36（22）：91-93.

[147] 唐明云. 基于温度场法的采空区火源定位技术研究[D]. 淮南：安徽理工大学，2005.

[148] 刘伟. 采空区自然发火的多场耦合机理及三维数值模拟研究[D]. 北京：中国矿业大学，2014.

[149] 周凤增. 煤矿井下自燃火源定位技术的研究与应用 [D]. 北京：中国矿业大学，2010.

[150] 安璐，丁恩杰，李曙俏. 基于 ZigBee 的采空区无线温度监测系统[J]. 传感器与微系统，2012，31（4）：96-98.

[151] Anisi M H，Abdullah A H，Razak S A. Energy-efficient and reliable data delivery in wireless sensor networks[J]. Wireless Networks，2013，19（4）：495-505.

[152] 付建新. 深部硬岩矿山采空区损伤演化机理及稳定性控制[D]. 北京：北京科技大学，2015.

[153] 祁民，张宝林，梁光河，等. 高分辨率预测地下复杂采空区的空间分布特征——高密度电法在山西阳泉某复杂采空区中的初步应用研究[J]. 地球物理学进展，2006，21(1)：256-262.

[154] 余明高，常绪华，贾海林，等. 基于 Matlab 采空区自燃“三带”的分析[J]. 煤炭学报，2010，35（4）：600-604.

[155] 褚廷湘，杨胜强，于宝海，等. 煤矿采空区温度和气体成分自然发火“三带”的研究[J]. 矿业快报，2008，25（9）：42-45.

[156] Wang X，Wang J，Lu K，et al. GKAR：A novel geographic K-anycast routing for wireless sensor networks[J]. IEEE Transactions on Parallel and Distributed Systems，2013，24（5）：916-925.

[157] Won M，Zhang W，Stoleru R. GOAL：A parsimonious geographic routing protocol for large scale sensor networks[J]. Ad Hoc Networks，2013，11（4）：453-472.

[158] Yu Y，Govindan R，Estrin D. Geographical and energy aware routing：A recursive data dissemination protocol for wireless sensor networks[R]. UCLA Computer science Department，Los Angeles，2001.

[159] Leong B，Liskov B，Morris R. Greedy virtual coordinates for geographic routing[C]. IEEE International Conference on Network Protocols（ICNP），Beijing，2007.

[160] Tao S，Ananda A L，Chan M C. Greedy face routing with face identification support in wireless networks[J]. Computer Networks，2010，54（18）：3431-3448.

[161] Boldrini C，Conti M，Passarella A. Performance modelling of opportunistic forwarding under heterogenous mobility[J]. Computer Communications，2014，48（SI）：56-70.

[162] 熊永平，孙利民，牛建伟，等. 机会网络[J]. 软件学报，2009，20（1）：124-137.

[163] Passarella A，Conti M. Analysis of individual pair and aggregate intercontact times in heterogeneous opportunistic networks[J]. IEEE Transactions on Mobile Computing，2013，12（12）：2483-2495.

[164] 韩丽娜. 基于多摆渡节点的矿井机会路由研究[D]. 徐州：中国矿业大学，2016.

[165] 孙践知. 机会网络路由算法[M]. 北京：人民邮电出版社，2013.

[166] 李建波，肖明军. 容迟网络中的路由算法[M]. 北京：科学出版社，2014.

[167] 姜海涛，李千目，廖俊，等. 机会网络中自适应摆渡路由协议[J]. 南京理工大学学报，2011，35（6）：731-737.

[168] Jain S，Fall K，Patra R. Routing in a delay tolerant network[C]. ACM SIGCOMM 2004，Portland，2004.

[169] Jindal A，Psounis K. Contention-aware analysis of routing schemes for mobile opportunistic networks[C]. The 1st International MobiSys Workshop on Mobile Opportunistic Networking，San Juan，2007.

[170] Vahdat A，Becker D，et al. Epidemic routing for partially connected ad hoc networks[R]. Technical Report CS-200006，Durham，2000.
[171] 王春华. 机会网络散发转发路由算法的研究[D]. 太原：太原理工大学，2011.
[172] Lindgren A，Doria A，Schel E N O. Probabilistic routing in intermittently connected networks[J]. ACM SIGMOBILE Mobile Computing and Communications Review，2003，7（3）：19-20.
[173] Spyropoulos T，Psounis K，Raghavendra C S. Spray and wait：An efficient routing scheme for intermittently connected mobile networks[C]. 2005 Acm SIGCOMM Workshop on Delay-tolerant Networking，Philadelphia，2005.
[174] 张雷. 基于社区的机会网络路由策略研究[D]. 湘潭：湘潭大学，2013.
[175] 刘期烈. 机会网络中路由机制与缓存管理策略研究[D]. 重庆：重庆大学，2012.
[176] Research A S O M. A survey of mobility models for Ad hoc network research[J]. Wireless Communications and Mobile Computing，2002，5（2）：483-502.
[177] Zhao W，Ammar M，Zegura E. Controlling the mobility of multiple data transport ferries in a delay-tolerant network[C]. 24th Joint Conference of the IEEE Computer & Communications Societies，Miami，2005.
[178] Bakari. 初识 The ONE[EB/OL]. http：//www.cnblogs.com/bakari/p/3519841.html[2014-01-14].
[179] Misra S，Saha B K，Pal S. Opportunistic Mobile Networks——Advances and Applications[M]. New York：Springer，2016.
[180] 胡青松，曹灿，吴立新，等. 机会网络中节点相遇的时空特征[J]. 中国矿业大学学报，2016，45（5）：1058-1064.
[181] 蔡青松，牛建伟，刘燕. 机会网络中的消息传输路径特性研究[J]. 计算机研究与发展，2011，48（5）：793-801.
[182] Santos R，Orozco J，Ochoa S F. A real-time analysis approach in opportunistic networks[J]. SIGBED Review，2011，8（3）：40-43.
[183] Tijms H C. A First Course in Stochastic Models[M]. Hoboken：Wiley，2003.
[184] Eagle N，Pentland A S. CRAWDA data set mit/reality（v. 2005-07-01）[Z]. 2005.
[185] Pietilainen A. CRAWDAD data set thlab/sigcomm2009（v. 2012-07-15）[Z]. 2012.
[186] Meroni P，Gaito S，Pagani E，et al. CRAWDAD data set unimi/pmtr（v. 2008-12-01）[Z]. 2008.
[187] Parris I，Abdesslem F B. CRAWDAD data set st_andrews/locshare（v. 2011-10-12）[Z]. 2011.
[188] Monteiro J. The use of evolving graph combinatorial model in routing protocols for dynamic networks[C]. Proceedings of the XV Concurso Latinoamericano de Tesis de Maestrıa（CLEI'08），Santa Fe，2008：41-57.
[189] 杜庆伟，唐然. 一种考虑相遇持续时间的机会路由[J]. 小型微型计算机系统，2014，35（2）：282-285.
[190] 胡青松，张申，陈艳. 煤矿认知网络体系结构设计[J]. 煤炭工程，2010，57（6）：108-111.
[191] 孙继平. 矿井无线传输的特点[J]. 煤矿设计，1999，（4）：20-22.
[192] 张申，丁恩杰，赵小虎，等. 数字矿山及其两大基础平台建设[J]. 煤炭学报，2007，32（9）：997-1001.
[193] 胡青松，尤佳，吴立新，等. 矿山物联网中的时间同步影响因素研究与实测[J]. 煤矿机械，2015，36（9）：284-288.

[194] 胡青松，张申，丁恩杰. 矿区供水集控系统设计及其调度优化[J]. 矿山机械，2009，37（18）：21-24.
[195] 胡青松，张申. 运煤带式输送机网络视频监控系统设计[J]. 矿山机械，2009，37（9）：62-65.
[196] 刘岩. 矿井中认知无线电网络的拓扑优化[D]. 徐州：中国矿业大学，2009.
[197] Fortino G，Russo W. Using P2P，GRID and Agent technologies for the development of content distribution networks[J]. Future Generation Computer Systems，2008，24（3）：180-190.
[198] Rieser C J. Biologically Inspired Cognitive Radio Engine Model Utilizing Distributed Genetic Algorithms for Secure and Robust Wireless Communications and Networking[D]. Virginia：Virginia Polytechnic Institute and State University，2004.
[199] Joseph M I. Cognitive Radio-An Integrated Agent Architecture for Software Defined Radio[D]. Blacksburg：Royal Institute of Technology（KTH），2000.
[200] Zhang Q，Kokkeler A B J，Smit G J M. A reconfigurable radio architecture for cognitive radio in emergency networks[C]. The 9th European Conference on Wireless Technology，Manchester，2006.
[201] 王晶，张文学，徐琪，等. 基于 RDF/Jena 的制造业信息系统多源异构知识集成框架[J]. 计算机应用与软件，2008，25（7）：103-104，126.
[202] Org W. W3C. RDF primer[EB/OL]. http：//zh.transwiki.org/cn/rdfprimer. htm[2009-5-3].
[203] 甘丹，谭春亮，王军. 基于语义 Web 的旅游信息服务的研究与应用[J]. 计算机与信息技术，2007，15（10）：6-8.
[204] Grigoris A，van Harmelen F. 语义网基础教程[M]. 北京：机械工业出版社，2008.
[205] 钟珞，潘媛媛，徐勇，等. 分布式异构空间数据共享研究[J]. 计算机应用与软件，2005，22（10）：52-54.
[206] Tech Target. SOA 与 EAI 的比较[EB/OL]. http：//www.searchsoa.com.cn/[2008-12-12].
[207] Cesana M，Cuomo F，Ekici E. Routing in cognitive radio networks：Challenges and solutions[J]. Ad Hoc Networks，2011，9（3）：228-248.
[208] Guo-Mei Z，Akyildiz I F，Geng-Sheng K. STOD-RP：A spectrum-tree based on-demand routing protocol for multi-hop cognitive radio networks[C]. Global Telecommunications Conference，New Orleans，2008.
[209] Abbagnale A，Cuomo F. Connectivity-driven routing for cognitive radio Ad-hoc networks[C]. 2010 7th Annual IEEE Communications Society Conference on Sensor Mesh and Ad Hoc Communications and Networks（SECON），Boston，2010.
[210] So J，Vaidya N H. A routing protocol for utilizing multiple channels in multi-hop wireless networks with a single transceiver[J]. University of Illinois at Urbana-Champaign，2004：1-10.
[211] Gong L，Tang W，et al. Anti-intermittence source routing protocol in distributed cognitive radio network[C]. 4th International Conference on Wireless Communications，Networking and Mobile Computing，Dalian，2008.
[212] 毕晓君. 信息智能处理技术[M]. 北京：电子工业出版社，2010.
[213] Cheng G，Liu W，Li Y，et al. Joint on-demand routing and spectrum assignment in cognitive radio networks[C]. IEEE International Conference on Communications 2007，Glasgow，2007.
[214] Opnet T. Understanding MANET model internal and interfaces[C]. OPNETWORK 2010，San Francisco，2008.

[215] Lu H，Yen G G. Multiobjective optimization design via genetic algorithm[C]. Proceedings of the 2001 IEEE International Conference on Control Applications，Mexico City，2001.

[216] Cheng G，Liu W，Li Y，et al. Spectrum aware on-demand routing in cognitive radio networks[C]. 2nd IEEE International Symposium on New Frontiers in Dynamic Spectrum Access Networks，Dublin，2007.

[217] Vasil H，Hristo A. Design and Implementation of an OPNET model for simulating GeoAODV MANET routing protocol[C]. OPNETWORK 2010，Washington DC，2010.

[218] 胡青松，张申，曲忠剑. 基于 Web 的远程矿区电力调度自动化系统的设计与实现[J]. 工矿自动化，2008，(2)：54-56.

[219] 百度百科. 中国世界遗产[EB/OL]. http：//baike.baidu.com/link?url=jtkuhMBUnLF2wfZBynDwmxJx GuSU3_nrokJEl1Mmu52fG_MXCoNidLrmI9UeVk3EBDF_3f57wVWSqu5N-JD yuh6ynr3S5-C-TvV72K0eXEwmtapCM7RzfacLsRxJjoajx_JC6fQbPEB4RCJlqpZcKK[2013-11-25].

[220] 百度百科. 全国重点文物保护单位[EB/OL]. http：//baike.baidu.com/link?url= JUghCvMIXoOfDe9zE5KvjCCcMqP15cuWbqRSIcJD6mUx9KOpleCiyNNURneIPRtDMqQID9v-XpSg13UJI8RF_Ld1PGhbflkyEoxEDyRTGoxvOCaqVbWrOWLQOk7GtuFnYV7_AUWOkbbhrHYAoeqvQfOkP2WWnWqHBA4CGNIF06gGEjy309VxJtOtnEdsI-yDhBvdFuYHSLmVYx3-hNmBeuvYEiIQcZ_Ps5PxE33xW7b3tymNy2LUbQuJGU8zgepO0VSG9Ti7uO9blC9IeOWWJK[2013-11-25].

[221] 张月超. 我国世界文化遗产地监测体系构建研究[D]. 北京：北京化工大学，2012.

[222] 维基百科. 世界遗产[EB/OL]. http：//zh.wikipedia.org/wiki/%E4%B8%96%E7% 95%8C%E9%81%97% E4%BA%A7[2013-11-2].

[223] 联合国教科文组织. 保护世界文化和自然遗产公约[Z]. 1972.

[224] International D. Working party for documentation and conservation of buildings，sites and neighborhood of the modern movement[EB/OL]. http：//www.docomomo.com/[2013-12-26].

[225] 江南大学. Docomomo International 国际组织中国会员申请信息[EB/OL]. http：// www.sodcn.com/ detail.asp?n_id=435[2013-12-26].

[226] Roders A P. Monitoring cultural significance and impact assessments[C]. The 33rd Annual Conference of the International Association for Impact Assessment，Calgary，2013.

[227] 董亚波，曾波，鲁东明. 面向文化遗址保护的物联网技术研究与应用[J]. 文物保护与考古科学，2011，23（3）：74-78.

[228] 韩崇昭，朱洪艳，段战胜. 多源信息融合[M]. 2 版. 北京：清华大学出版社，2010.